$99

健康孩子營養學

荷花出版

健康孩子營養學

出版人：尤金

編務總監：林澄江

設計：李孝儀

出版發行：荷花出版有限公司

電話：2811 4522

排版製作：荷花集團製作部

印刷：新世紀印刷實業有限公司

版次：2023年4月初版

定價：HK$99

國際書號：ISBN_978-988-8506-77-4

© 2023 EUGENE INTERNATIONAL LTD.

荷花出版
EUGENE GROUP

香港鰂魚涌華蘭路20號華蘭中心1902-04室
電話：2811 4522　圖文傳真：2565 0258
網址：www.eugenegroup.com.hk
電子郵件：admin@eugenegroup.com.hk

父母飲食態度最重要

　　如果要家長揀一樣最重視孩子的東西，相信非「健康」莫屬。為人父母的，天天都希望孩子健健康康地生活，但如何可以獲得健康？這又與你如何吃有很大關係，正所謂：「You are what you eat.」。

　　給孩子吃甚麼，自然與父母對飲食營養的認知有關。如果父母對飲食營養有認識，平時對自己的飲食健康十分重視，他們對自己的小朋友也一樣重視；反之，如果父母奢飲奢食，甚至自己是暴飲暴食一族，他們對小朋友健康飲食的問題也可想而知了！

　　因此，父母對飲食問題的態度，絕對影響小朋友的飲食健康。我們必須先搞清父母對飲食的正確態度，才能搞好孩子健康飲食的問題。

　　令小朋友吃得健康，最好從幼兒期開始，因為自小的飲食習慣是奠定日後飲食習慣的重要基礎。而家長的飲食習慣，除了能塑造孩子的飲食態度外，也是孩子行為模仿的重要對象，因此，父母的飲食行為，無疑也給孩子上了身教的一課。

　　給孩子健康飲食，最適宜由家長親自下廚開始，畢竟自己烹調的食物，最能保證健康又有營養。然而，並非每個家長都是烹調高手，甚至有些更是只愛吃不愛煮一族，那麼如何是好？其實，為了小朋友健康，平時不愛下廚的父母，也是時候學一點點廚藝了。營養師都會建議，父母在設計小朋友飲食時，不用太複雜，只要據以下三個原則就可以了：第一，選用新鮮食材：避免使用半製成品和添加鹽、油、糖的加工食品。第二，不要加入調味料：避免使用味精、糖和鹽份高的調味料，盡量選擇清淡的烹飪方式。第三，色彩要多：利用不同種類、顏色、形狀或質感的食物，提升菜式的吸引度，增加幼兒進食的興趣。

　　能做到以上三點，孩子健康飲食的目標就指日可待。本社十分關心小朋友的飲食問題，因此出版此書。本書共分四章，分別從不同角度講解小朋友健康飲食之道，是坊間難得一見專門探討孩子飲食問題的專書，各位關心孩子健康、關心孩子飲食問題的父母，豈能錯過！

目　錄

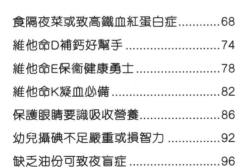

Similac

雅培心美力

HMO益生元
全港含量No.1⁺

改寫免疫力標準#

升級版
5HMO*

Abbott
雅培

Part 3 飲食難題

Part 4 食物專案

鳴謝以下專家為本書提供資料

吳耀芬 / 註冊營養師	黃翠萍 / 註冊營養師	容立偉 / 兒科專科醫生
吳瀟娜 / 註冊營養師	曾美慧 / 註冊營養師	莫國榮 / 兒科專科醫生
陳穎心 / 註冊營養師	高芷欣 / 註冊營養師	馮偉正 / 兒科專科醫生
李偉萍 / 註冊營養師	劉惠汶 / 註冊營養師	陳達 / 兒科專科醫生
江政宇 / 註冊營養師	陳秋惠 / 註冊營養師	周栢明 / 兒科專科醫生
區雅珊 / 註冊營養師	溫樂茵 / 註冊營養師	周采彥 / 陪月員
黃蔚昕 / 註冊營養師	雷嘉敏 / 註冊營養師	林小慧 / 資深育兒專家
楊曉茵 / 註冊營養師	黃榮俊 / 資深營養師	凌婉君 / 註冊社工
黃倩雅 / 註冊營養師	張德儀 / 營養學家	蕭欣浩 / 蕭博士文化工作室創辦人
劉立儀 / 註冊營養師	伍永強 / 兒科專科醫生	文嘉敏 / THEi 食品與健康科學學系講師
李杏榆 / 註冊營養師	陳德仁 / 兒科專科醫生	Sue Klapholz / 營養及健康副總裁

MeadJohnson® 美贊臣®
Nutrition

A⁺智睿®

No.1

醫護推薦支持
免疫力及
腦部發展^

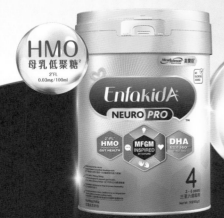

HMO
母乳低聚糖²
2'FL
0.03mg/100ml

MFGM®¹
母乳黃金膜¹
含100+
母乳活性蛋白*

Part 1

嬰幼飲食

BB 出世，現時媽媽都知道餵母乳有益，
約四、五個月之後，便開始替 BB 加固，
不過，如何吃才對 BB 有營有益？
對於嬰幼兒飲食，媽媽一定會遇到不少問題，
本章會一一為你解答。

轉食固體
4 個階段

專家顧問：周采彥 / 陪月員

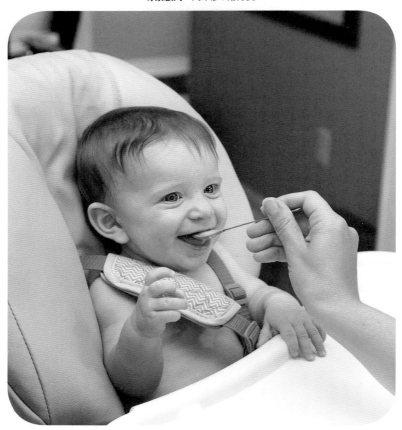

　　5、6 個月大可以說是寶寶的一個轉捩點，既開始長出牙仔，亦開始轉食固體食物。家長給寶寶轉食固體食物切勿操之過急，宜把食物逐一試，觀察是否出現食物敏感情況，由糊仔開始，最後才吃粉麵飯，這樣寶寶便可以輕輕鬆鬆從飲奶過渡至吃固體食物了。

加固 4 階段

　　給寶寶轉食固體食物，主要可以分為 4 個階段，逐步給他們嘗試不同口味、大小的食物，才能增加他們進食的興趣。

第一階段：食糊仔

　　在寶寶大約 5 個月大時，便可以給他們淺嚐米糊，開始時只是 2 安士，按比例調配米糊。最初只是給寶寶試食，所以吃少量便可以，寶寶試食後，仍需要給他們補奶。每天嘗試一次，其餘奶餐如常。

- 宜於中午那餐給寶寶試食米糊，因為這段時間他們比較精神，食慾大增，較願意嘗試米糊；
- 初時應給寶寶試食原味的米糊，若初時已給他們試食其他味道米糊，寶寶便不會再願意食回原味米糊的了；
- 若寶寶吃米糊後仍想添食，家長可以逐步增加份量，由 2 安士增加至 3 安士，每次增加 1 安士，直至達到他們日常吃奶的份量，這表示米糊已取代奶成為正餐了；
- 當寶寶把米糊成為正餐，初時一天給一次米糊，其餘時間飲奶，若寶寶轉食情況理想，便可以晚上的一餐也轉食米糊；
- 在午餐及晚餐之間，大約下午 3 時，仍可以給寶寶吃一餐奶。

第二階段：逐一嘗試不同食物

　　如果寶寶嘗試吃米糊後並沒有出現任何敏感，便可以在米糊中加入其他食材，最初以蔬果為主，例如蘋果蓉及薯仔蓉。每次只加入一種食物，每種食物試食數天，從而觀察寶寶有否食物敏感。倘若數天後寶寶並沒有出現任何敏感徵狀如出紅疹，便可以嘗試加入另一種食物。

第三階段：嘗試食粥

　　寶寶大約 6 個月大，可以開始嘗試吃粥，給他們進食食物的次序：

- **蔬果類**：最初給寶寶進食的糊仔及粥仔，應先加入蔬果，並應先選擇較少引起敏感的食物，例如蘋果、薯仔、南瓜、番茄、節瓜或西蘭花，初時的份量只為 1 湯匙；
- **肉類**：寶寶 6 個月大可以開始進食少量肉類，不過初時加進粥仔或糊仔內的肉類應只作調味，不是把肉直接給寶寶食。首先試食豬肉，因為豬肉不易引起敏感，之後是魚，最後才是牛肉。

一般牛奶及麵包都有機會產生食物敏感，所以不宜給寶寶進食。

踏入轉食糊仔的第二階段，家長可以嘗試做水果蓉給寶寶吃。

9 至 10 個月大的寶寶，可以嘗試進食細粒狀的食物。

每種肉都需要試食一星期，寶寶沒有出現食物敏感才轉食另一種食物。

第四階段：進食粉麵飯

當寶寶大約 9 個月大，可以嘗試進食粉麵，初時嘗試進食形狀較細小的，或者把粉麵剪短才給寶寶進食，待寶寶約 1 歲左右，便可以選擇一般大小的粉麵給他們吃，同時可以給他們嘗試吃飯，初時給他們吃的飯要較軟，類近黏稠的粥。

培養晉餐好習慣

寶寶食得好，全賴有良好的飲食習慣，家長必須從小開始培養，教導他們應有的餐桌禮儀，不要一邊玩耍一邊吃飯，吃飯時吃飯，遊戲時遊戲，這樣寶寶才能食得健康。

❶ 家長於吃飯前不要給寶寶食零食；

❷ 於吃飯時，切勿於餐桌上放置玩具，以免令寶寶分心；

❸ 有些寶寶吃得較快，吃完一口便催家長再餵，對於這類急性子的寶寶，家長可以把食物分成幾份，當寶寶吃完一份後，便可以把放在一旁已放涼的給寶寶吃；

❹ 給寶寶餵食時，應該準備齊全物品，例如水、毛巾，這樣家長不用中途離座，也不會因此分散寶寶的專注力；

❺ 每次晉餐都應該在固定位置，千萬別追着寶寶餵食，否則他們以後難以在固定位置進食，甚至會影響寶寶吸收營養；

❻ 當寶寶小手能抓握物品，可以嘗試讓他們自己抓握匙子，給自己餵食。即使寶寶進食的過程並不整潔，家長也不要介意，容讓他們自己嘗試；

❼ 家長應該讓寶寶從小嘗試進食不同類型的食物，不要因為自己不喜歡吃便不給寶寶嘗試，鼓勵他們嘗試，這樣可以吸收多種

營養，有助發育。

容易致敏的食物

　　某些食物容易導致寶寶出現食物敏感的情況，所以，如給寶寶進食這些食物，家長宜逐一給他們嘗試，這樣便易於了解寶寶對哪種食物敏感了。

❶ 蛋白：蛋白的蛋白質是較難消化，所以，初時只可以給寶寶吃蛋黃，蛋黃的份量也只可以是 1/4 個，到寶寶 1 歲，才可以給他們嘗試吃蛋白。

❷ 蝦、蟹：蝦及蟹含有豐富蛋白質，但也是較難消化，其中蝦是非常容易引致食物敏感。

❸ 麵包、蛋糕：麵粉是引起食物敏感的源頭，所以，給寶寶進食蛋糕及麵包時便要小心。

❹ 水果類：某些水果如木瓜、芒果，當中含有少量蛋白質，可能導致寶寶出現肚瀉，因此應避免給寶寶進食。

❺ 牛奶：除了母乳及嬰兒配方奶粉外，其他牛奶都不適合給 1 歲以下的寶寶飲用，這階段的寶寶未能消化一般牛奶的乳蛋白。

加固 Q & A

Ⓠ **寶寶不喜歡吃蔬菜怎麼辦？**

Ⓐ 蔬菜如果未有煮熟，便會有青澀味，或是蔬菜本身質素欠佳，都不能引起寶寶食慾。為了培養寶寶吃蔬菜的習慣，在他們可以自行進食時，把一些菜梗或甘筍條炆熟，給寶寶抓握着來吃，以增加趣味。

Ⓠ **魚腥味令寶寶不愛吃魚？**

Ⓐ 海魚如果屬於斑類不會太腥。倘若怕魚腥味，可以加薑把魚蒸熟，或是把魚煎熟，這樣便能去除腥味。

Ⓠ **幾歲的寶寶才適合吃粒狀的食物？**

Ⓐ 寶寶在 9 至 10 個月大，已經長出數隻牙仔，家長便可以把食物切成小粒狀煮腍給寶寶食。

Ⓠ **寶寶初吃水果，是否需要先蒸軟才給他們吃？**

Ⓐ 如果水果太硬，例如蘋果，家長可以先蒸軟才給寶寶吃，但若是口感較粉的蘋果，便不用蒸軟了，可以直接用匙子刮果肉給寶寶食。一般而言，較軟身的水果如香蕉，都不用預先蒸熟才再給寶寶吃的。

BB加固
點至夠營養？

專家顧問：吳耀芬 / 註冊營養師

　　寶寶長大至 6 個月後，母乳未必能夠滿足營養需要，寶寶便要開始進食加固食物，有何食物適合用作加固期進食呢？如果寶寶不肯吃怎麼辦？以下有請營養師來為大家解答。

加固時間

營養師吳耀芬表示，根據世界衛生組織建議，媽媽在全母乳餵哺寶寶至 6 個月後，便可逐漸引進適當的固體食物，並持續餵哺母乳至 2 歲或以上。母乳成份包括營養、天然抗體、活細胞等是寶寶的理想食物，不過當寶寶到 6 個月大，除母乳外亦需要從固體食物中攝取更多不同的營養，和學習進食不同質感的食物。

因此，寶寶 6 個月大左右便需開始進食固體食物，同時繼續餵哺母乳。而寶寶嘗試進食食物時配合母乳餵哺，也可減低對食物過敏的機會。

加固補鐵質

寶寶由飲用母乳或奶粉，到進食固體食物都需要一段適應時期，吳耀芬表示，寶寶剛開始嘗試固體食物時，家長給寶寶餵食含豐富鐵質或較易磨成蓉的食物，例如粥糊、嬰兒米糊、菠菜、南瓜、豬膶，以及香蕉等。另外，寶寶亦需要補充含鐵質豐富的食物，是因為母乳的鐵質儲備能滿足寶寶對鐵質需求至 6 個月大，而 6 個月或以上的寶寶對鐵質需求增加，母乳未必能足夠支持身體成長的需求，便可開始提供額外的食物來輔助母乳或配方奶粉。

包裝食物注意

市面上有售賣多種 BB 加固的包裝食物，只要拆開包裝就可以讓寶寶進食，既方便又快捷。不過營養師指，家長在選購寶寶的包裝食物前，應先查看包裝上的成份表，找出成份中會否有令寶寶過敏的食材。如未知寶寶對其成份的過敏反應，應先給予寶寶提供食物的原材料作嘗試，觀察後有否過敏才決定購買。

甲殼類、牛奶、蛋白、豆類，以及麥類等是較易出現過敏反應的食物類別，可在寶寶 1 歲後再嘗試進食。

另外，避免一些增添了鹽、糖及防腐劑的包裝食物，而開封後的包裝也要盡快進食，以免細菌滋生。

加固食物參考

給寶寶餵食加固食物，需要吸收營養均衡的營養，家長可參考以下表格，為寶寶製作營養豐富的一餐。

	食物	煮法
五穀類	前嬰兒米糊、嬰兒麥糊、多種穀物糊或粥	可選擇加鐵米糊，口感較稠身的多種穀物糊或粥，可待寶寶 7 個月以上才進食
易磨成蓉的蔬果	南瓜、薯仔、鮮淮山、冬瓜、節瓜、紅蘿蔔、菠菜等	可加入米糊、粥或單獨製成糊蓉
較熟和軟的水果	蘋果、香蕉、啤梨、牛油果等	可加入米糊、粥或單獨製成糊蓉
肉類及其代替品	豬、牛、羊、雞、魚、豬膶、蛋黃、豆腐等	製成肉蓉或肉碎，較硬身的肉類如牛肉、豬肉等，可待寶寶 7 個月以上才進食，建議先試較易製成蓉的雞肉、豬膶、蛋黃、豆腐等

營養 Q & A

Q 如果 BB 不肯進食固體食物怎麼辦？

A 首先，寶寶開始接觸新的食物多半也有抗拒的情況，只有循序漸進讓寶寶學習和習慣新的食物改變。建議每次讓寶寶只試吃一種新食物，份量約為一茶匙，連續嘗試兩至三天，才嘗試另一種新食物，然後再漸漸增加份量。寶寶主要的營養來源仍是母乳或配方奶粉，因此家長不需要過度擔心營養的不足。

另外，排除腸胃不適的原因，定時晉餐、專注和舒適的環境、父母陪伴進食也是重要的配合因素，也應多關注寶寶對食物的探索和興趣，避免強加進食，令寶寶進食時產生不愉快的經驗。

Q 過早加固會否有不良影響？

A 寶寶的腸胃和咀嚼能力仍處於脆弱的發育期，過早加固可能使食物誤進氣管和增加腸胃負擔。而 6 個月以下的寶寶仍非常需要母乳或配方奶粉提供的營養，過早加固可能令寶寶的吃奶量減低，反而出現營養不足的情況。

BB 加固食譜

南瓜肉碎粥

材料

南瓜蓉........... 2-3 湯匙

豬肉碎........... 2-3 湯匙

粥 .... 1 碗

做法

❶ 南瓜切粒，隔水蒸 15 分鐘至變
軟，用叉把南瓜壓成蓉。

❷ 粥煮滾後，加入豬肉碎及南瓜
蓉，小火煮 5 分鐘即可。

番茄雞蛋小米粥

材料

番茄 .... 1/2 個

雞蛋 .... 1 隻

小米 .... 1/2 碗

做法

❶ 番茄洗淨後，隔水蒸至變軟，去
皮及用叉壓成蓉。

❷ 在鍋中加水煮沸，放入小米煮至
黏稠。

❸ 把雞蛋打勻，蛋漿倒入小米中煮
成糊狀，再加入番茄蓉攪拌即
可。

幼兒加固
飲食禁忌

專家顧問：吳瀟娜 / 註冊營養師

　　寶寶出生後，如何餵食是媽媽的一大難題，尤其寶寶開始進入加固階段。到底應給寶寶吃甚麼，才能讓他們吸收到足夠營養快高長大？有甚麼寶寶是不能吃的？讓營養師一一為你解答吧！

營養師吳瀟娜表示，幼兒專注力低，吃飯時容易分心，踏入加固階段，又可能有偏食的習慣，令很多媽媽都非常頭痛，擔心他們沒有進食足夠的食物，或所攝取的食物無法提供足夠的營養等，會造成營養攝取不足。然而，攝取食物量重要，揀好食材、餐點心思同樣重要，媽媽應該挑選營養豐富的食材，以及要考慮每餐的營養均衡，在糊仔上花點心思配搭顏色，甚至圖案同樣有助寶寶提升食慾。

幼兒營養不良的原因

幼兒出生後所需的營養主要是來自配方奶粉或母乳，配方奶粉一般可以提供足夠營養。至於母乳餵哺，如果哺乳媽媽飲食不均衡，擔心自己或寶寶對某些食物過敏而過份戒口或偏食的話，便有機會導致幼兒營養不良。另外，如果幼兒太遲才開始進食固體食物，便有機會攝取不足鐵質和鋅質，導致營養不良的情況，影響發育。

幼兒飲食禁忌

幼兒食物應該以最普通調味或原味為主，避免加過多調味料、鹽或雞粉等。

過敏食物：如果幼兒進食某些食物後出現過敏的徵狀，家長便應避免再次給寶寶進食。

蜜糖：蜜糖中可能含有肉毒桿菌的孢子，而嬰幼兒的免疫系統尚未成熟，因此建議 1 歲以下嬰幼兒應避免食用蜜糖。

容易引致鯁噎的食物：如瓜子、果仁、粟米、糖果、未去骨的肉類，以及未煮軟的蔬菜等都應避免給幼兒進食。

未經煮熟的食物：細菌和病菌容易依附在未經煮熟的食物上，並且被幼兒吃進肚中。

未經巴士德消毒的奶製品：未經巴士德消毒的奶製品容易令幼兒出現食物中毒和引起腸胃不適。

水銀含量高的魚類：如鯊魚、劍魚、旗魚、吞拿魚等水銀含量高的魚類，都應避免給幼兒進食。

幼兒多大應該加固？

出生後的首數月，寶寶需吃母乳，而未能吃母乳的寶寶需吃

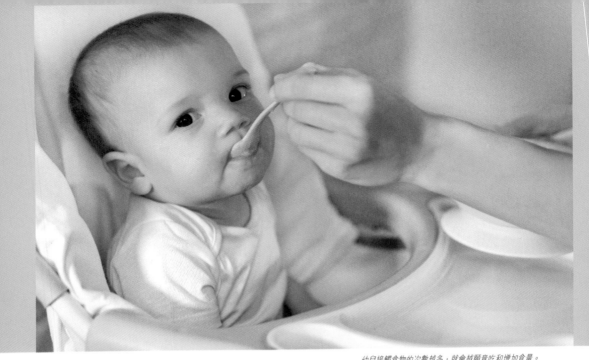

幼兒接觸食物的次數越多，就會越願意吃和增加食量。

　　嬰兒配方奶。根據世界衛生組織 (WHO) 的建議，幼兒在出生後 6 個月便可以開始進食固體食物。這段時期是「引進固體食物過渡期」，可逐漸在母乳或配方奶外，加入其他固體食物進幼兒的餐單中。當開始進食固體食物後，亦可以繼續餵哺母乳至兩歲或以上。

設計有營加固餐單

　　吳瀟娜表示，當幼兒滿 6 個月後，除了給他們飲用母乳或配方奶粉外，亦需要給他們進食多元化的食物，以滿足不同營養素的需求。另外，幼兒滿 6 個月後，他們便需要更多鐵質，不能單靠吃母乳滿足需求，因此家長應在幼兒 6 個月大開始，提供含豐富鐵質食物，例如加鈣米糊、蛋黃、豆腐、肉類、魚肉、深綠色菜葉、香蕉、啤梨、蘋果等。

　　剛開始加固可以選擇米糊，很多米糊都添加了鐵質，然後才慢慢添加其他食物，不過需要先煮爛和壓成蓉，亦需要用濾網過濾製作成較滑和幼身的糊狀食物，讓幼兒容易進食和消化。加固或新食物可以由少份量開始，例如 1 至 2 茶匙，在視乎幼兒適應程度去增加款式和份量。9 個月以上幼兒便可以開始進食軟身的

蔬菜和肉碎配粥、軟飯、剪碎的麵等。

　　至於 1 歲以上幼兒可以開始進食較多元化的組合，或從家人的飯菜中變化出來，例如蛋花粟米粥、豆腐蒸水蛋、菠菜肉碎粥、煎三文魚通粉、菜心雞粒飯等，都是不錯的選擇。

多嘗試增接受度

　　當幼兒 6 個月大時便可以開始進食固體食物，但由於他們從沒接觸過新食物，所以初時可能會表現得較為抗拒。家長應有耐性並多作嘗試，讓寶寶慢慢適應新食物，或將新食物加入粥和米糊，讓他們較容易接受。如果幼兒不願嘗試的話，家長可以在 1 至 2 星期後再讓他們嘗試，因為有些幼兒需要經過 8 至 15 次的嘗試後才會接受新食物。幼兒接觸食物的次數越多，就會越願意吃和增加食量。

營養 Q&A

Q 幼兒偏食的習慣會直至長大嗎？應該投其所好還是訓練其進食不喜歡的食物？

A 隨着孩子慢慢長大，他們偏食的習慣一般都會慢慢改善。不過不同幼兒的偏食原因都不同，例如父母都有偏食行為，不喜歡吃菜，孩子就有機會有樣學樣，養成偏食的習慣。因此家長應以身作則，和孩子一起進食他們抗拒的食物，給孩子一個好榜樣。而家長應使用不同烹調方法和配搭處理食物，或與孩子一同準備食物，培養他們接受不同食物的興趣。

Q 兒童營養奶粉或補充品，應該進食嗎？

A 除非醫生建議，6 個月以下的寶寶應只飲用母乳或嬰兒配方奶粉，而 6 個月大後，幼兒可以繼續飲用母乳或嬰兒配方奶粉，然後配合進食含不同營養素的固體食物，便能夠攝取足夠的營養，毋須飲用兒童營養奶粉。

另外，只要孩子保持均衡飲食的習慣，便能夠攝取足夠的營養來幫助發育成長，毋須額外進食營養補充品。由於營養補充品的劑量通常較高，如果孩子平日已經有良好的飲食習慣，再額外進食營養補充品，長遠來説，有機會攝取過多的營養素，增加身體消化系統的負擔或會損害肝臟。

哪類肉類
適合寶寶？

專家顧問：吳耀芬 / 註冊營養師

　　寶寶日漸長大，開始要進食副食品，為身體提供更多營養。而副食品當中，有時難免會加入肉類，那麼哪些肉類又最適合寶寶呢？

食肉滿足需求

當寶寶滿 6 個月大，母乳中的鐵質和蛋白質開始不能滿足寶寶身體成長的需求，因此，他們開始需要進食肉類以補充身體所需要的營養。另外，註冊營養師吳耀芬指出，肉類更可以為寶寶提供豐富的鐵質和蛋白質，有助活化寶寶腸道的蛋白酶。如果寶寶愛吃絞肉或魚肉，可將肉碎混合寶寶愛吃的食物中一同食用。

勿長期缺乏肉

肉類會為人體提供蛋白質、鐵質等營養，雖然若寶寶吃得太多會讓其攝取到過量脂肪，但若他們長期不吃肉的話，對寶寶的身體亦會有所影響，例如缺乏溶解在油脂類物質中的維他命，包括維他命 A、維他命 D、維他命 E、維他命 K 等，而缺乏這些維他命則有可能導致寶寶免疫力下降、皮膚乾燥及粗糙、牙齦容易出血、流鼻血等情況。

另外，長期不食肉亦會造成蛋白質缺乏，這除了會使寶寶的抵抗力下降、貧血，甚至會導致營養不良，影響肌肉及骨骼的生長，同時也容易使他們產生易怒的情緒，亦會影響寶寶的智力的發展。然而，若寶寶真的不能進食肉類，但又需要補充蛋白質的話，爸媽亦可以用豆腐、蒸蛋來代替。

營養大比拼

各種肉類會有不同的營養價值及營養素，以下是不同肉類的營養比較，讓媽媽可以知道寶寶是否吃得健康：

每 100 克	熱量（kcal）	脂肪（g）	蛋白質（g）	鐵（mg）
雞肉	105	1.6	22.3	0.4
豬肉	143	6.2	20.3	3
牛肉	106	2.3	20.2	2.8
羊肉	118	3.9	20.5	3.9
鴕鳥肉	111	1.72	22.4	2.3

各種肉類都有不同的營養價值。

爸媽可讓寶寶交替進食不同的肉類。

可先食魚肉

寶寶剛開始接觸肉類時，爸媽可為他們選擇易絞碎的魚肉，因其能提供豐富的蛋白質及不飽和脂肪酸，幫助寶寶身體及腦部發育。而且魚肉味道相對較清淡、肉質幼嫩，如選擇為寶寶餵食較低脂的魚背、魚尾，他們會比較容易接受和消化。

另外，爸媽也可選擇讓寶寶吃雞肉，例如較低脂的雞胸肉和雞髀肉。在烹煮時，只要將雞皮及脂肪部份切去，便適合他們食用。

鴕鳥肉較易接受

此外，還有羊肉和鴕鳥肉，此兩者都屬於紅肉，也有豐富的鐵質和維他命 B。不過，除豬肉外，羊肉的脂肪亦較其他肉類高；如果爸媽要以其烹煮寶寶的副食品，可選擇較瘦的羊柳。但要注意羊肉有獨有的膻味，甫開始時，寶寶未必接受；而鴕鳥肉的脂肪則相對地少，味道亦近似牛肉味，寶寶亦會較易接受。

留意進食份量

總括而言，其實不論紅肉和白肉，都有不同的營養素，讓寶寶進食時，最好是交替着食用，使他們能夠補充多方面的營養之餘，亦可藉此接觸不同口味，令日後更容易接受其他食物，減低偏食的情況。

雞皮及脂肪部份切去，便適合寶寶食用。　　　　　　　　牛肉含有豐富的鐵質、蛋白質及維他命B。

　　另外，爸媽亦要注意當寶寶每進食一種新食物時，他們的排便及皮膚狀況，以找出可能致敏的食物。同時，他們進食的份量都需要留意，而1歲的寶寶就可在午餐及晚餐裏，食用1至2湯匙的肉類。

牛肉難消化

　　牛肉含有豐富的鐵質、蛋白質及維他命B，但肉質較堅韌，寶寶的腸胃可能較難消化，建議若讓寶寶吃牛肉的話，應先製成泥狀及選擇較細嫩的部位，如小里肌肉、牛脊肉。另外，寶寶可能會對牛肉敏感，爸媽最好先讓他們嘗試了魚肉、雞肉和豬肉後，才讓他們進食牛肉，減低出現過敏的機會。

　　而豬肉和牛肉一樣，含有豐富的營養素。不過即使是瘦肉，它的脂肪含量亦相對較高，建議選擇脂肪較少的部位，如柳梅、豬䐁，並將可見的油脂切除。

交替餵哺

　　雖然寶寶可以先嘗試魚肉或雞肉，但是並不代表這兩種肉類是最好的。吳表示，要注意魚肉和雞肉都屬於白肉，它們的鐵質含量較低，未能完全滿足攝取鐵質的需求。

　　不過，豬肉和牛肉雖然鐵質豐富，但脂肪含量則相對地高，因此，爸媽不妨把不同的肉類交替地餵給寶寶，讓他們可以吸收更全面的營養。

甜酸苦辣鹹

寶寶幾時可試？

專家顧問：陳穎心 / 註冊營養師

甜酸苦辣鹹，
我都想試勻！

雖說寶寶必須透過各種經驗去學習，但對於「五味人生」則應避免過早體驗。這裏所指的五味人生，並非寓意悲喜交集的人生旅程，而是確確實實的 5 種食物味道：甜、酸、苦、辣及鹹，萬一寶寶過早體驗，恐怕有損健康。

味覺與生俱來

味蕾在胎兒時期的第 24 周已經發育完成，所以味覺是與生俱來的感覺。及至寶寶成長至 4 至 6 個月，他們已經懂得分辨各種味道，甚至已有個人喜好。

正因為寶寶的味覺是與生俱來，所以媽媽毋須給予任何味覺訓練，更不需要透過品嚐各種味道來提供刺激，否則有可能會影響健康，以及損害身體器官。基本上，沒有特定的指標建議寶寶到甚麼年齡，便應嘗試哪種味道。只要跟隨成長，他們自然會有各種接觸的機會，還會慢慢培養出自己的喜好。

味道漸進階段

由於蔬菜及肉類本身帶有鮮味，而寶寶的味覺比成年人靈敏得多，即使不添加任何調味料，他們仍能品嚐到其中的味道。而且，如果食物的味道過於濃烈的話，有可能對寶寶造成健康問題，還會對腸胃造成刺激。

因此，媽媽應讓寶寶享受天然的味道，避免不必要的調味，煮食時不妨參考以下的調味指引：

嬰幼兒嚐味進階

年齡	食物調味份量
0 至 1 歲	毋須任何調味
1 至 4 歲	約為成年人一半
4 歲或以上	跟成年人相同

各味道反應不一

根據研究顯示，當寶寶接觸各種味道的時候，分別會出現不同的表情及反應，但這些反應並非反映味道本質的好壞。事實上，單就味道而言，未必會對健康造成直接的影響，如橙的酸味會令寶寶反感，但卻含有豐富的營養；糖的甜味會令其快樂，但卻會導致健康問題。因此，媽媽應視乎食材或調味料本身的營養成份，才能判斷「味道」是否會造成傷害。

培養清淡習慣

雖說寶寶在 4 歲之後便能進食成年人的食物，但還是培養清

淡的飲食習慣對健康最好。只有從小培養寶寶習慣進食清淡食物，他們長大後才能繼續維持下去，確保身體健康。反之，如果他們從小習慣進食濃味食物，隨成長只會越吃越濃，容易對健康造成負荷。

營養最重要

此外，媽媽在選擇食物的時候，必須明白味道並非考慮的關鍵，最重要是根據食物的營養成份，讓寶寶進食不同類型且含不同營養的食材，才是最健康的做法。

甜　寶寶反應：開心快樂

健康影響：甜味食品含有大量糖份，經常進食會養成不良的飲食習慣，導致寶寶越吃越甜。長此下去，他們便會攝取過高的糖份及熱量，引致肥胖問題及損害牙齒。

建議攝取量：不能超過全日總熱量的 10%

酸　寶寶反應：扁嘴及表示不快

健康影響：由於酸味較為刺激，有可能會傷害腸胃，即使很多酸味的水果都含豐富維他命，但未必所有寶寶都能接受。不過，如果酸味是來自醋的話，便有可能含其他化學物質，影響更大。

建議攝取量：沒有特定的攝取量

苦　寶寶反應：「嘟嘴」

健康影響：大部份的寶寶都抗拒苦味，的確，苦味同樣屬於較刺激的味道，即使是有益的苦瓜，同樣不適合年幼的寶寶進食。

建議攝取量：沒有特定的攝取量

辣　寶寶反應：不納入測試之列

健康影響：無論是辣椒本身，還是辣味調味料或辣味食品，同樣會對寶寶的胃部造成極大的刺激，尤其是辣椒油及辣椒醬多含有添加劑及高鹽份，造成的影響更大。

建議攝取量：應避免進食

鹹　寶寶反應：沒有特別反應

健康影響：由於寶寶的腎臟還未發育完成，鹹味食品容易對腎臟造成負擔，甚至出現高血壓。

建議攝取量：根據澳洲營養學會的指引建議，4 歲或以下的兒童，每日的鈉質攝取量應少於半茶匙的鹽或 3/4 茶匙的豉油。

Annies
Food you trust

最佳兒童食品大獎得主

100% 純天然果肉條

紐西蘭製造
MADE IN NZ

Annies
Food you trust

fruit strips

原價 $58/包

限時優惠
8折

原價 $14/條

限時優惠
8折

- ✓ 無添加糖份 NO ADDED SUGAR
- ✓ 不含防腐劑 NO PRESERVATIVES
- ✓ 非果汁製造 NOT FROM CONCENTRATE
- ✓ 無麩質 GLUTEN-FREE

網上訂購

可於 FRENCH83 門店免費試食(每人只限一條)　　🟢 WHATSAPP 5127 5885　　✉ PETER@BEAUWORK.CO

B食大人嘢
調味要天然

專家顧問：吳耀芬 / 註冊營養師

　　寶寶日漸成長，慢慢能吃下各式各樣的食物，爸媽看到自然覺得開心又興奮。但是，由特製的「BB餐」至「大人食物」，在食物質感、調味方面的過渡，爸媽又有何需要留意呢？

大人食物一般添加了不少調味料。

發展過渡期

　　資深營養師吳耀芬表示，開始進食固體食物，可謂一個嬰幼兒由喝奶，逐漸發展至吃多元化食物的一個過渡期，而根據美國兒科學會 (American Academy of Pediatrics) 的指引，當寶寶滿 4 至 6 個月大 (但亦需視乎每個寶寶的發展)，並已符合以下條件，其實便適合嘗試進食固體食物：

❶ 體重需是出生時的兩倍，又或已超過 13 磅
❷ 有能力獨自坐在高椅上
❸ 可支撐好身體及控制頭部
❹ 對大人所吃的食物感到興趣
❺ 懂得張開嘴巴，試圖嘗試食物
❻ 懂得合上嘴巴及進行吞嚥的動作

天然調味料

　　大人的食物一般味道較濃，這是因為在烹調的過程中，會添加調味料，以豐富食材的味道。不過，若年幼的寶寶常吃濃味的食物，就會養成習慣，使他們日後較難接受味道較淡的食物，並有機會出現偏食的問題。此外，大人食物常用的調味料，比方豉油、蠔油和鹽等，所含的鈉質較高。進食高鈉質的食物，會增加寶寶尚未完全發育的腎臟和心臟之負擔，亦會提高他們將來患高血壓的風險。其實，剛開始讓寶寶進食固體食物時，爸媽毋須在他們的食物中添加任何調味料；與之相反，如果給寶寶多嘗試食物的天然味道，能夠減低他們之後出現偏食的機會。而當寶寶日漸成長，爸媽便可以在餸菜中，酌量添加一些天然的調味料，例如青葱、洋葱、蒜頭、薑和檸檬等。

寶寶滿1歲大，便可以開始吃質地軟腍的米飯。

寶寶食物進程

寶寶年齡	建議食物質感
4-6 個月大	幼滑的糊狀
7-8 個月大	稠糊和泥蓉狀食物
9-11 個月大	有顆粒的泥蓉狀食物
1 歲 -1 歲半	軟飯、切碎的肉和菜
1 歲半 -2 歲	略為切碎的家常餸菜

糊狀至切碎

　　每個寶寶的成長情況有異，但傳統的加固方法大多是由食物的質感着手，按寶寶的年齡階段，由幼滑的糊狀，循序漸進成稍略切碎的家常餸菜。（見上表）

加固要避忌

　　雖然當寶寶滿 2 歲，爸媽已經可以讓他們吃略為切碎的家常餸菜，但有些「大人食物」並不適宜讓年幼寶寶吃的。根據衞生

署的指引，除了調味料外，爸媽應該避免給 6 至 24 個月的嬰幼兒餵食以下食物及飲料：

食物

- **蜜糖：** 因其含肉毒桿菌，而 1 歲以下的寶寶抵抗力較低，容易感染肉毒桿菌，令他們感到不適。
- **大魚：** 體積較大的魚類，例如劍魚、吞拿魚和旗魚等，其水銀含量會較高，不適合寶寶食用。
- **花生、果仁：** 寶寶進食某些肉類、未去籽的水果，甚至是花生、果仁和糖果等體積細小又堅硬的食物，都可能因咀嚼困難，而造成哽喉的問題。
- **生食：** 沙律菜、魚生等生食，因為尚未煮熟，令細菌有機會於食物上滋生，寶寶進食後容易被感染，如患上腸胃炎。

飲料

- **葡萄糖水、果汁：** 所含的糖份十分高，長期給寶寶飲用，會容易令他們變得嗜甜，導致日後出現蛀牙問題或偏食習慣。葡萄糖水只會提供熱量，並沒有特別的營養價值。至於一般果汁，其營養素會於榨汁時，因摩打產生的熱力而受到破壞，餘下的營養素不及新鮮水果高。而且，即使是自家製作、沒有加糖的純果汁，亦建議在製成後盡快飲用，確保果汁中的營養素未被空氣完全氧化；同時建議每日飲用不多於 120 毫升。
- **咖啡因飲料：** 咖啡、茶、朱古力奶和汽水等含咖啡因飲料，會令尚在發育階段的寶寶之中樞神經、腎臟和心肺循環系統受到刺激，或出現焦慮、緊張、暴躁等情況，亦有機會影響他們的作息習慣。

勿太早開始

除了食物種類，爸媽亦要留意加固時機。吳耀芬表示，因未滿 4 個月大的寶寶未完全掌握吞嚥動作，過早開始加入固體食物，有機會導致食物誤進氣管，並進入肺部 (Aspiration)。此外，由於寶寶的腸道尚未發育成熟，過早加固或增加其腸胃負擔，出現消化不良的情況。

冰粒儲存法
喵煮固體食物

專家顧問：李偉萍 / 註冊營養師

　　寶寶從 6 個月開始進食固體食物，相信這同時是媽媽開始頭痛的時刻。因為寶寶食量小，烹調的份量難以控制，煮得太多要進食多次會令寶寶生厭，煮得太少又會增加烹調難度。為減輕頭痛程度，媽媽應要好好嘗試「冰粒儲存法」。

原理

冰粒儲存法：把寶寶的食物煮熟後，倒入冰塊盒內，再放入冰箱儲存。進食的時候，只需把適量的冰粒解凍煮熱，寶寶就能快速得到美味的食物，媽媽不需每次再為份量煩惱。

材料

❶ 保鮮袋　　❷ 冰塊盒

❸ 蔬果或肉類

製作步驟　簡單方便

❶ 把食材煮熟。　　❷ 以攪拌器打成蓉。　　❸ 放入冰塊盒內。　　❹ 以保鮮袋包好，並放入冰箱結成冰粒。（水果不需經過烹調亦可，否則會導致營養流失。）

　　進食前，只要把冰粒加熱即可。這個方法還能發揮媽媽的煮食創意，如：

　　菠菜冰粒 + 南瓜冰粒 + 粥仔冰粒 = 菠菜南瓜粥

不失好方法

　　根據註冊營養師李偉萍指出，基本上這個做法沒有任何大問題，絕對是可行及非常方便，營養亦不會大量流失。不過，當然是新鮮烹調的食物最有益寶寶健康。

營養師評價

三大加熱方法比較		
	熱水座熱	**微波爐叮熱**	**明火煮熱**
好處	• 熱力平均 • 營養流失較少	• 方便快捷	• 方便快捷
壞處	• 需時較長	• 熱力不平均 • 進食前必先拌勻及測試溫度，避免燙傷	• 加熱時間越長，營養破壞越多

　　如果想減少加熱的時間，媽媽可以在前一晚把冰粒放到雪櫃下層稍為解凍。不過，放置時間不能過長，而且避免於室溫解凍，否則容易滋生細菌。

注意事項

❶ 冰粒解凍之後，千萬別再次凝固，否則會滋生細菌。

❷ 因為口水會導致細菌滋生，所以寶寶進食後餘下的食物，則不宜使用這個方法。

❸ 媽媽應標明冰粒的儲存日期，防止進食已儲存很久的食物。

❹ 由於媽媽難以察覺冰粒有否變壞，所以儲存了約 2 天的冰粒便不宜進食。

Q&A

Q 寶寶可以直接進食冰粒嗎？

A 基本上可以。因為直接進食冰粒其實跟進食雪條一樣，但是過於冰冷可能會令寶寶抗拒，而蔬菜及肉類的冰粒必須經過烹調煮熟。

Q 這個方法適合甚麼食材？

A 水果、蔬果或肉類都適合。

Q 外出時，媽媽以密實袋儲存冰粒，待自然溶化之後，直接讓寶寶進食可以嗎？

A 如果在 2 小時內進食應該沒問題，但如果擺放時間太長，恐怕會滋生細菌，導致肚痛或食物中毒，尤其是夏天更應避免。

Q 冰粒可以儲存多久？

A 新鮮的蔬果及肉類可在冰箱儲存 1 天，經過烹調後則可儲存 2 天。

YES NUTRI 卓營方®

健康．由細伴到老

12 Probiotics
12益生菌
12種益生菌
多種益生元
(成人，兒童，嬰兒合用)

✓ 促進排便，減少腸胃不適
✓ 提升天然免疫防禦能力
✓ 紓緩腸道敏感及消化不良

卓營方12益生菌，
大人細路都啱食~

加強腸道健康

Kids Growth Calcium Chewable Tablets
兒童助長增高鈣片

促進骨骼和牙齒的成長

Smart Kids DHA-EPA Fish Oil
兒童智醒魚仔魚油丸

激發兒童腦部發展

Kids Chewable Vitamin C + Zinc
兒童強健維他命C+鋅

增強免疫力及強健體魄

Kids Cal-Mg-Zinc
兒童成長鈣

強化骨骼及改善腸道健康

轉奶粉
要循序漸進

專家顧問：林小慧 / 資深育兒專家

　　對年幼寶寶而言，最適合的食物當然是母乳，但可能因為種種問題，寶寶需要兼用奶粉餵哺。隨着成長，又或是其他情況，爸媽要幫助寶寶轉奶，到底其步驟又該如何？

沿用醫院所選

　　一般而言，寶寶出生後，醫護人員會鼓勵媽媽盡量以母乳餵哺，如因特別需要，醫護人員便可能按寶寶的需要去選擇配方奶粉，並作細心監察，看看這款奶粉是否適合寶寶，例如會否出現敏感反應或不適。若出院時，寶寶仍需以混合餵哺，一般建議繼續沿用醫護人士所選擇的那款奶粉。如果新手爸媽貿然因為喜好等緣故而轉用另一款奶粉，爸媽未必懂得怎樣去觀察寶寶的喝後不適反應或過敏，以至影響他們的營養吸收。

轉奶原因

　　其實，6個月以下的寶寶不適宜貿然轉奶，皆因他們年紀尚幼，若因轉奶不當而引致腹瀉等情況，他們有機會出現脫水的現象，並需入院治療。育兒專家林小慧姑娘表示，寶寶需要轉換奶粉通常有三個原因：

- **出現敏感：** 雖然不同品牌奶粉的配方大致相同，但仍會有微量的調節或差異，故難以有一款奶粉能適合所有寶寶。如果寶寶喝某款奶粉後，出現敏感反應，就可經醫生的協調下，安排他們轉奶。

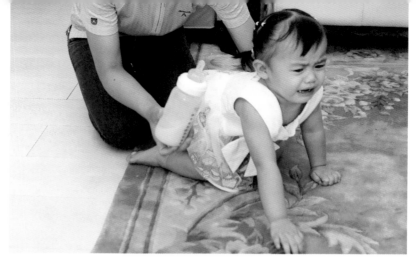

若寶寶不適應新奶粉，會出現不適或敏感反應。

- **醫療問題：** 如果寶寶這段時間身體欠佳，如腸胃炎、腹瀉等問題，其腸胃會較平時敏感，醫生就可能會要求他們暫時轉飲用豆奶，以減低牛奶蛋白對寶寶腸胃的刺激。
- **成長需要：** 坊間的奶粉一般分有 1、2、3、4 號，前兩者適合 6 至 12 個月大的寶寶，後兩者為助長配方奶粉，適合 1 歲或以上的幼兒。而隨着寶寶成長，爸媽或會選擇替他們轉奶，以攝取額外的營養。

轉奶 Step by step

　　林姑娘表示，當寶寶滿 4 至 6 個月大，他們每天約喝 4 至 5 頓奶。轉奶的第一天，爸媽可以自首頓奶開始轉用新奶粉，餘下三、四頓繼續喝舊奶粉。之後三至四天都採同一做法，爸媽可於期間觀察寶寶有否腸胃不適、大便的變異或敏感反應；若沒有，爸媽可多將一頓轉作新奶粉，並同樣給予三至四天觀察期。如是者，以 12 至 16 天去慢慢完成轉奶步驟。

16 天轉奶參考表				
	第 1 至 4 天	第 5 至 8 天	第 9 至 12 天	第 12 至 16 天
第 1 頓奶				
第 2 頓奶				
第 3 頓奶				
第 4 頓奶				

新奶粉　　舊奶粉

在轉奶的過程中，爸媽可以留意寶寶的大便情況。 當寶寶滿6個月大，爸媽便可開始嘗試替他們轉奶。

轉奶 Q&A

Q 何解轉奶要循序漸進？

A **需時間適應：**幫助寶寶轉奶時，爸媽應該循序漸進，從每天一頓、兩頓開始。這是因為若寶寶不適應新款奶粉，敏感反應不會立即顯現，故需要給予時間讓身體吸收，繼而才能真正得知寶寶是否適合該款奶粉。

Q 為甚麼要先轉早上那頓奶？

A **易觀察不適：**如同上文所言，起初轉奶時，爸媽宜選擇寶寶每天首頓奶。當他們早上 10 時喝完，他們如不適應，就會於下午或黃昏時段感到不適，爸媽就可以有時間帶寶寶求診，亦便於照料；若是晚上才轉，爸媽便較難立即觀察到。

Q 轉奶不適時會出現甚麼徵狀？

A **有敏感反應：**如新奶粉不適合寶寶，他們可能會腹脹、肚痛，大便的質地亦會變得硬實或稀爛，甚至有敏感情況，例如皮膚出現紅疹、嘴唇腫脹或變紅等。若有上述情況，爸媽應停用新奶粉，並帶寶寶求診。

Q 轉奶時有何需要注意？

A **打針時勿轉：**爸媽應該按寶寶的成長，又或是其身體需要而適時轉奶，並牢記不宜於打疫苗前後時段開始轉奶。因為打疫苗後，寶寶對藥物可能出現敏感反應，這樣便難以分辨他們是因何者而感到不適。

攝取維他命
過量會中毒

專家顧問：伍永強 / 兒科專科醫生

　　媽媽總擔心寶寶缺營養，營養補充劑往往成為寶寶飲食的一部份。不過攝取維他命也有一定的危險性，媽媽一定要非常小心。

維他命有一定的彈性，短期缺少一點或超過一點都不會造成問題，因為身體有儲備，新陳代謝亦會自行調節，有時還可以從其他來源補充。因此，進食補充劑與否，要根據寶寶的體質、年齡及飲食習慣各方面而定。

甚麼寶寶需要補？

剛出生的寶寶，如有早產、體重過輕、需要深切治療或先天不足等情況，醫生會讓他們進食維他命或鐵質等不同的補充劑，還會建議一些特別配方的奶粉，讓寶寶可以吸收更多營養。

至於身體健康的初生寶寶，就要視乎他們所吃的奶而定。大部份奶粉已包含非常充足的營養，只會「有多」而「無少」。反而是進食人奶的寶寶，可能要補充維他命 D，增強鈣質的吸收。

寶寶進食固體食物之後，只要飲食正常，沒有偏食，跟從食物金字塔 (見右頁圖) 的營養攝取就已經非常足夠。如果寶寶偏食、家庭茹素或戒吃某種食物，就可能要補充相應的維他命或礦物質。

長遠效益的誤解

有些媽媽認為從小讓寶寶進食維他命，可以達至長遠效益，預防將來在校園感染疾病。雖然缺乏維他命的確會導致生病，但校園最常見的傳染性、敏感性或過濾性病毒引起的疾病，單靠進食補充劑是不能預防被傳染，學校及寶寶的衛生條件才是最重要的元素。而且，在沒有缺乏的情況下，額外補充是不能增加預防效果，反而有攝取過量的危機。

過量攝取的危機

維他命分水溶性和油溶性。水溶性可以輕易排出體外，所以一般認為攝取過量的問題不大，但仍有潛在的危險，有關報告指攝取過量可能會增加其他疾病的風險。水溶性維他命主要有維他命 B 及 C，過量攝取會引致：

- **維他命 B**：毒素不高，但攝取過量會令小便偏黃或偏橙紅色，甚至有惡臭味。
- **維他命 C**：安全系數甚高，攝取過量也不易中毒，但有研究報告顯示會增加患腎石的風險。而且維他命 C 屬酸性，會影響血液的酸鹼度。

身體對油溶性維他命的新陳代謝有限，未能全部排出體外，積聚過多可能引致中毒。油溶性維他命主要有維他命 A、D、E 及 K，過量攝取會引致：

- **維他命 A：** 破壞肝臟。
- **維他命 D：** 導致鈣質過高，影響新陳代謝及骨骼，甚至中毒。

安全攝取五大法

所有維他命補充劑都有一定的安全範圍，只要攝取量不是嚴重超出，仍是非常安全。但寶寶在服食前，一定要注意以下五方面：

❶ 應選擇有一定品質保證的品牌，如國際性大藥廠生產的補充劑。至於本地的小藥廠，如果在造藥方面有一定的成就，維他命的製造都應該沒有問題。

❷ 選擇含多種維他命的補充劑時，要查看偏向哪一種成份，如果某種成份特別高就要特別小心注意。

❸ 有些補充劑不單有維他命成份，還有藥用成份，如開胃藥。寶寶可能會對此藥性產生習慣，不吃的話就沒有胃口，甚至出現藥物的副作用。

❹ 大部份補充劑都帶有甜味，因含有各種化學成份，如糖份、色素、人工味道和香料等，要小心寶寶會否對這些成份產生敏感。

❺ 不要同一時間服食多種補充劑，如果每種都含有某種維他命，即重複服食，很有可能導致攝取過量。因此必須要了解標籤的成份，遇到疑問就要請教醫生。

只要寶寶飲食正常，沒有偏食，跟從食物金字塔的營養攝取已經非常足夠。

小朋友由0至3歲期間，腦神經細胞不斷增生，到3-6歲時達到高峰，腦部會開始發展高層次邏輯思維、認知情緒等。到7歲左右增生過程開始趨於平緩。所以必須要捉緊腦部發育的黃金時期，除了能通過外在學習去刺激大腦發展，營養補充也十分重要。

認識益智仁

益智仁不僅具有溫脾散寒、開胃攝唾的功效，更有助增強記憶力，是對腦部發展十分有益處的草本植物。坊間更將益智仁應用於不同的食療，例如粥、茶及湯等不同的食用方法。

衍生扎根香港27年，業務遍及中國內地、香港、澳門及東南亞等地，連續多年獲得香港兒童維他命及營養補充劑銷量No.1殊榮。產品通過農藥殘餘、重金屬及微生物測試，成份絕對安全可靠。衍生金裝系列針對兒童的腸道、睡眠、熱氣及骨骼需要，成份特別添加補腦元素「益智仁」，是學齡兒童的營養必需品。

金裝產品

衍生金裝小兒雙料開奶茶

衍生金裝小兒雙料開奶茶顆粒沖劑可增加小兒胃口，幫助營養攝取、清理腸道積滯，減少便秘問題。

衍生金裝小兒雙料七星茶

衍生金裝小兒雙料七星茶顆粒沖劑可清熱解毒，針對小兒心火亢盛引起口瘡紅睡、安神定驚，協助和緩小兒情緒，令小兒安睡。

衍生金裝小兒清熱靈

衍生金裝小兒清熱靈顆粒沖劑可清熱除濕，可助小兒排毒，增長健康。

衍生金裝小兒鐵鋅鈣

衍生金裝小兒鐵鋅鈣顆粒沖劑有助小兒骨骼健康及促進生長激素的分泌。

BB要食
營養補充品？

專家顧問：吳耀芬 / 註冊營養師

　　父母着緊寶寶的健康，除了日常飲食，可能會額外為寶寶添加營養補充素，營養師指出只要有均衡的飲食，寶寶不需要額外補充營養補充品。

營養師吳耀芬表示，一般而言，初生嬰兒的最佳營養來源來自於母乳，而母乳的成份能隨着嬰兒的成長而在媽媽體內調配出來，並根據嬰兒的需求來餵哺，合乎嬰兒的成長所需。而市面上的配方奶粉亦模仿母乳的成份而調製及增加一些對嬰兒成長有利的營養素。因此初生嬰兒毋須補充額外的綜合維他命。

6 個月寶寶需加營養

嬰兒在 6 個月大開始對額外營養素的需求增加，尤其是鐵質，便可引導進食固體食物，以補充母乳的不足。

而需要補充額外的綜合維他命或其他營養補充品的嬰幼兒，大多是因營養攝取不均、生長出現延遲、嚴重偏食或疾病等原因，並需經由醫生診斷後才判斷是否需要補充特定的營養素。

寶寶營養攝取來源

維他命 D

新生嬰兒在母體中獲得少量維他命 D 的儲備，而維他命 D 的儲備量與媽媽懷孕時的體內維他命 D 濃度有關。寶寶在出生後仍需要以陽光、母乳或配方奶粉中吸收維他命 D。根據美國兒科學會建議，以母乳餵哺或每日攝取少於 1,000 毫升配方奶的 1 歲內嬰兒，應額外補充含 400IU(10 微克) 的維他命 D 滴劑。

維他命 K

通常寶寶在出生時會由醫生注射維他命 K，或按時提供共 3 次的口服劑，以減少患上維他命 K 缺乏性出血（VKDB）的風險。根據食物安全中心，因飲食中攝入量不足以致維他命 K 缺乏的病例罕見，只須進食不同種類的食物，保持均衡飲食，就能達到每日建議的維他命 K 攝入量。

鈣、鐵、鋅

新生嬰兒可由母乳或配方奶中補充足夠的鈣質、鐵質、鋅質等礦物質。

鈣質：每天飲用 2 份奶類及其製品、適量綠葉蔬菜。

鐵質：進食添加了鐵質的嬰兒米糊、紅肉、綠葉蔬菜、蛋黃等。

鋅質：進食肉類、海鮮類、豆類製品等。

只要均衡飲食，就不需要額外補充鈣、鐵、鋅。

營養 Q & A

Q 早產寶寶可能有體重過輕或進食問題，需要為他們額外補充營養素嗎？

A 早產兒的營養來源主要由母乳補充，如體重過輕，可經醫生建議使用母乳添加劑。

Q 魚油有助腦部發展，是否應多補充？

A 魚油內主要提供 DHA，是一種奧米加 3 不飽和脂肪酸，有助胎兒和 2 歲內的嬰兒的腦部及神經系列發育，而 2 歲後的兒童則沒有足夠證據顯示 DHA 對腦部有幫助。

除了魚油，DHA 可在母乳中攝取得到，而母乳中的 DHA 由身體自行分配出合適的份量，但魚油則是額外的補充劑，容易攝取過量以致脂肪酸的比例失衡，建議由醫生或營養師依個人情況而制定。

Q 多吃益生菌對嬰孩腸道健康有幫助？

A 有研究證明益生菌有助減輕濕疹、因服用抗生素導致的腹瀉、感染性腹瀉、大腸激躁症等問題。而嬰兒的腸道菌種大多由母乳、配方奶中獲取，如出現皮膚過敏、腸胃問題可考慮額外補充益生菌。

維他命軟糖有助吸收營養？

市面上的綜合維他命軟糖通常標示 2 歲以上的兒童可吃，2 歲以下的兒童可能因口腔發育未完全，未能有效咀嚼軟糖而有吞噎問題。

另外，一般兒童在飲食正常的情況下，基本上不需要額外的營養補充品，而軟糖可能被誤解成可常吃的糖果，而容易忽略營養攝取過量也非好事。而且軟糖中大多含有一定糖份，如經常食用可能會造成蛀牙。

NURTONIC.HK

母嬰健康
NatalCare

 GMP
 Quality Assured / Qualité Assuré
 Made in Canada
 IFOS

Nurtonic All in One Pro
全孕期綜合營養素
加拿大衛生署認證 · 加拿大製造 **安全 可靠**

適合成年女士
日常保健
每日一包 提供女性所需的均衡營養素

複合維生素 + 礦物質
提供身體所需能量，抗氧化，有助紅血球製造及代謝
增強自身免疫力，維持健康肌膚

益生菌
清腸排毒
改善便秘

胡蘿蔔素+Omega-3
呵護心腦血管健康

葉酸
參與蛋白質的合成
防止DNA受損

鈣鎂+維生素D3
幫助保持骨骼強健

香港銷售點：

HKTV mall   big big shop

中國內地銷售點：

 天貓国际   京东国际

 中旅巴士 CTG BUS   有赞

 NUTRONICHK   NUTRONICHK

BB食藥
10個指引

專家顧問：莫國榮 / 兒科專科醫生

　　年幼寶寶的抵抗力較弱，難免會有生病的時候，盡早求醫及按時服藥是幫助治療疾病的不二法門。可是，藥物始終是化學物品，媽媽必須好好了解當中的服用方法，才能確保寶寶在服食時，不會出現問題。

1. 藥物種類

　　藥物一般可分為藥水、藥丸、塞藥、針劑及藥膏等不同種類；昔日，藥劑學的發展還未成熟，以致藥水的穩定性較低，難以準確地治療疾病，所以大部份藥物都會製成藥丸狀，因而有些媽媽至今仍誤以為藥丸的效力較好。事實上，藥水的效力已經非常穩定，所以醫生在處方時，多會按服藥時的方便程度而定。如果寶寶出現高燒或不停嘔吐，根本無法服用藥物，便會處方塞藥或注射藥物；如病情需要把藥物直接塗於患處以方便吸收，便會使用藥膏。當然，某些藥物只能製成藥水或藥丸狀，則另作別論。因此，媽媽不應執着於某種形態的藥物，否則只會增加餵藥時的困難。

2. 藥物劑量

　　由於藥物進入身體後，會流經血液走遍全身以發揮藥力，所以劑量必須根據寶寶的體重而定，而非只取決於病情。即使是相同月齡的寶寶，如果其中一方的體重較高，便需要較多的劑量方能提供足夠的藥用。因此，媽媽千萬別因為藥物看似沒有效用，而隨便增加給予寶寶服用的劑量或次數，否則有機會造成服食過量，繼而引致副作用或中毒。

3. 服藥時間

　　萬一錯過原定的服藥時間，有些媽媽會待下次的既定時間才讓寶寶服食，有些則會立即服食並重新計算服藥時間。其實，處理方法要視乎病況及藥物的藥理而定，所以最好先諮詢醫生的意見。一般來說，前者的做法較安全，但可能會影響藥效。

　　由於重新計算有可能破壞一貫的服藥習慣，繼而出現錯誤，並引致服食過少或過量。而且，所有藥物都有規定每天的服食次數，如有些藥物是一天服食三次，預計寶寶會分別在上午 10 時、下午 4 時及晚上 10 時服食。要是媽媽在晚上 8 時才記起讓寶寶食藥，並在此時立即服食並重新計算，第 3 次的服藥時間便延至翌日凌晨 2 時；但寶寶在那個時候已經熟睡，難以再喚醒他起來食藥。

寶寶不應服食成藥。

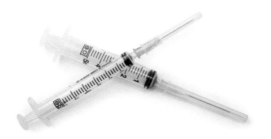
媽媽必須注意藥水的保存期。

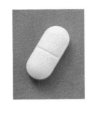
藥物可以跟奶、糊仔或果汁混合。

4. 服藥治療

　　由於媽媽未必有足夠的醫學知識去判斷病情，即使寶寶的表面症狀完全停止，亦不代表已經康復，所以胡亂停藥有機會令病菌「捲土重來」。因此，即使是普通的傷風、感冒或咳嗽等藥物，也應先諮詢醫生的意見，才決定停服與否。

　　此外，抗生素或醫生指明必須服食整個療程的藥物，媽媽便應遵從醫生的指示。否則，寶寶體內的細菌或病毒便不能完全清除，還有可能產生「抗藥性」，日後再次感染時，相同的藥物便難以發揮功效。

5. 剩餘藥物

　　某些「需要時服」的藥物大多會有剩餘的情況，媽媽可以用作「看門口」之用。不過，由於藥物存放過久會過期，加上寶寶的體重會隨成長而上升，相同的藥物已不能發揮適當的功效。而且，很多疾病都有相似的症狀，所以最佳的做法應立即帶寶寶求醫，才能確定病情，再對症下藥，以及避免錯誤服藥的情況。

6. 藥物保存期

　　媽媽必須注意藥水的保存期為 3 個月，其他藥物（如藥丸、藥膏及塞藥）約為 1 至 2 年。基本上，醫生會在藥物的標籤寫上處方日期，萬一沒有的話，媽媽便應清楚列明，以免寶寶服食過期的藥物。

7. 儲存地方

媽媽應把藥物存放於陰涼且沒有陽光直接照射的地方，否則，

熱力有機會減低藥效或致藥物變色。有些媽媽會把藥物置於雪櫃內，雖然這個做法不會影響藥效，但因雪櫃經常被開關，有機會令藥物出現水氣，所以應該盡量避免。此外，有些媽媽認為把藥物置於電器旁邊，會令藥物吸收輻射，藥效從而受到影響。事實上，家庭電器的輻射有限，反而是其中所發出的熱力有機會影響藥效，所以也不宜放在那些地方。

8. 避免服用成藥

如上文所言，藥物的劑量是根據寶寶的體重而定，但成藥則只是按年齡去設定劑量，所以有機會造成服食過少或過量的情況。而且，媽媽難以憑表面症狀去確定寶寶的病情，萬一服用錯誤的成藥，很容易會延誤治療或引致副作用。此外，如果寶寶同時服食兩種成藥的話，有可能出現「撞藥」情況，其中所產生的化學作用及傷害更難以估計。因此，無論是任何年齡的寶寶，都不應服食成藥。不過，如要作「看門口」之用，媽媽可在家中存放退燒成藥，其藥性較為安全；碰巧寶寶在深夜時發燒，可作應急之用。

9. 混藥要得宜

為方便餵藥，有些媽媽會把各種藥水混合起來。基本上，這個做法沒有問題，但事前應先諮詢醫生的意見，以免出現「撞藥」的情況。而且，藥物應在進食前才混合，避免混合時間過長，從而增加相互化學反應的機會。

此外，藥物還可以跟奶、糊仔或果汁混合，甚至用清水稀釋。理論上，即使寶寶先吃藥再進食或飲用上述的飲料，到達胃部後也會混一起，所以「食前先混」或「食後再混」也沒有太大的分別。不過，媽媽必須確定寶寶要把混合藥物的食品全部吃完，才不致減少服食劑量。

10. 服藥習慣從小培養

為免寶寶對藥物產生抗拒，良好的服藥習慣必須從小培養，如準時服藥、服食正確劑量、把藥物全數服完等，均能讓他們明白服藥是幫助身體回復健康。千萬別因為寶寶鬧彆扭而縱容他們，否則在成長期中，要重新培養其正確服用藥物的態度便更為困難。

一喊餵奶？
定時餵奶？

專家顧問：陳德仁 / 兒科專科醫生

　　飲奶對寶寶來說是非常重要的大事，除奶的種類及份量之外，飲用的時間安排同樣會帶來不少困擾。有些媽媽覺得當寶寶因肚餓而哭泣時才餵奶，能夠緊貼他們的需要；有些媽媽則認為從小訂立規律的飲食及作息時間表，才對成長有幫助。究竟哪種方法才正確呢？

時間表無可能

為寶寶設立時間表，於每天指定的時間飲奶，這是非常理想的做法，但是難以實行。因為每個寶寶的身體狀況都有分別，需要進食的份量亦各有不同，媽媽很難完全了解他們的身體所需，如果只根據媽媽的個人想法去設立時間表，難免會忽略寶寶的實際需要。

喊奶造成壞習慣

至於寶寶一喊便立即餵奶，有可能養成依賴的習慣，讓他們以為哭鬧即代表可以得到食物，飲奶會由生活所需變成獎勵。這個情況會令進食變得頻密，導致消化工作不斷進行，大部份血液因此而流向腸胃，不但令腸胃變得疲憊，而缺乏血液的身體各部位，甚至腦部發育都有可能受影響。

一切由寶寶話事

最正確的飲奶安排，應該根據寶寶的習慣而定。基本上，在寶寶出生後的首 1 個星期，媽媽可以從他們每天飲奶的時間，推斷其飲食習慣。及至 4 個星期之後，這個習慣會開始穩定，媽媽便能跟隨這個習慣來設定每天大致的時間表。當然，這個時間表不能 100% 完全跟隨，需要根據每天的實際情況作出調整。此外，媽媽亦能得知寶寶的哭鬧是真的肚餓，還是純粹鬧彆扭，避免養成壞習慣。

母乳奶粉大不同

除根據寶寶的習慣之外，還要因應母乳或奶粉來作出安排。如果寶寶是進食母乳的話，飽腹感持續的時間會較短，餵哺的時間則較為頻密，以哭泣來判斷會比較準確；而進食奶粉會有較久的飽腹感，所以較適合定時餵哺。

睡覺比喝奶重要？

有人認為「睡覺比進食重要，即使到飲奶的時間，亦不應打擾寶寶的睡眠」，這個情況同樣要視乎寶寶而定。如果寶寶在開餐時間仍然熟睡，即代表他們沒有肚餓的感覺，媽媽不應該強迫他們起來進食，否則會中斷正常的生理時鐘。這個生理時鐘同樣

如果寶寶哭泣就立即讓他們喝奶,很容易會養成依賴的習慣。

是由寶寶自行調節出來的生活規則,媽媽毋須擔心吃少一餐會影響健康,睡覺反而能夠幫助分泌生長荷爾蒙,幫助寶寶健康成長。

順其自然戒夜奶

正因為睡覺能夠增加分泌生長荷爾蒙,所以寶寶到 4 至 5 個月大的時候,便會自行戒掉夜奶,媽媽同樣不用擔心他們會肚餓,而喚醒他們起來飲奶。

有些寶寶可能需要較長的時間才能戒掉夜奶,媽媽不需過份憂慮。這個情況大多是因為每當寶寶在半夜哭鬧時,媽媽即起來餵奶及逗他們玩耍,慢慢便養成每晚醒來的壞習慣,所以媽媽應該要視乎哭鬧情況才決定行動。不過一般來説,所有寶寶都會隨着時間,自自然然就能戒掉夜奶。

如何幫BB
戒奶樽？

專家顧問：容立偉 / 兒科專科醫生

　　寶寶到了差不多一歲，是時候要戒奶樽，學習使用杯子了；但過程中要適應，到底有何良方幫助媽媽更快上手呢？且聽醫生的專業意見。

據兒科專科醫生容立偉表示，寶寶何時開始要戒用奶樽因人而異，但一般來說，大約到了一歲後，便要開始戒用奶樽的了。因為如果寶寶一直不肯戒用奶樽，長遠是會對口腔及牙齒有相當大的影響，原因有 3 方面：

❶ 如果長期使用奶樽，有可能會令門牙不能生到正常位置，造成上下門牙不合。

❷ 如果寶寶只進食流質食物或奶類，顎骨便發育不健全，顎骨過小會造成「爆牙」。

❸ 長期使用奶樽，面部肌肉的吮吸動作會對臼齒產生壓力，有可能令到臼齒內傾。

戒奶樽 8 大法

但一下子要寶寶戒用奶樽，寶寶有可能會不適應，甚至會有扭計的情況出現。如果想寶寶更快更有效戒掉使用奶樽，以下方法不妨一試。

1. 轉用學飲杯

市面上有專為寶寶而設的學飲杯，其中有手握設計的，有助寶寶拿得更穩當。此外，也不妨選擇一些圖案精美、色彩繽紛的學飲杯，寶寶看到開心，自然吸引他們多使用。

2. 鼓勵有法

寶寶初時不肯使用杯子，媽媽可以用一些鼓勵的方法，例如跟寶寶說明，如果用杯子飲水或奶奶後，媽媽帶他到公園玩耍，藉以鼓勵寶寶多用杯子。

3. 一同參與

小朋友往往喜歡模仿大人，媽媽也可以透過遊戲的方法，跟寶寶一起用杯子，一起喝水，寶寶覺得媽媽跟自己一同參與，也以為媽媽跟自己遊戲，也自然樂於照着去做。

4. 忌躺著喝

給寶寶使用杯子，切忌讓他們躺着，以往寶寶使用奶樽時，可能是躺着喝奶的，但現在使用杯子，如果仍然躺臥着，便容易倒瀉，媽媽得小心注意才行。

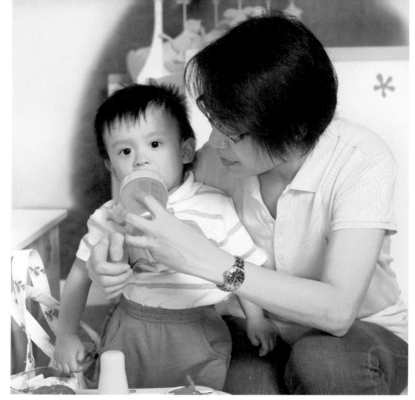

寶寶初用學飲杯時，可以由媽媽拿杯餵水給寶寶，讓寶寶慢慢習慣。

5. 忌玻璃杯

初初學習使用杯子，當然要避免給寶寶使用玻璃杯，因為怕寶寶拿得不穩當時，一不小心掉在地上，玻璃也就容易弄傷寶寶了。

6. 味道吸引

初初使用杯子，如果先給寶寶喝清水，他們有可能會覺得味道寡淡而拒絕飲用，不妨先給他們飲用果汁或牛奶等味道較佳的飲品，藉此吸引他們。

7. 使用飲管

初時可以利用飲管方便寶寶吸吮，又或者某些學飲杯的設計，也是附設飲管，可以讓寶寶學習使用。

8. 忌飲品太滿

媽媽也得留意，寶寶飲品不宜盛得太滿，以免寶寶難於飲用，以及容易倒瀉。

SMARTFISH®

智睛叻
OMEGA-3
FISH OIL FOR KIDS

✛ 挪威深海魚油

全面提升

學習力

視力

免疫力

全新包裝

專利忌廉魚油
升級配方　2倍易吸收

✓ **高效奧米加3**
高含量，每包含
240mg DHA
177mg EPA

✓ **2倍吸收¹**
乳化魚油更易被吸收
有效提升體內
DHA/EPA水平

✓ **優質魚油**
無糖、無人造色素
不含重金屬
非基因改造

1. Lopez-Huertas E. Pharmacol Res. 2010;61(3):200-7.

   HKTVmall.com 🔵 GO SMART

了解更多
f Go Smart-SmartFish 🔍
查詢電話：(852) 2267 2298

總代理  Jacobson Medical (Hong Kong) Ltd
雅各臣藥業（香港）有限公司

營養師下廚
親子做營養餐

專家顧問：吳耀芬 / 註冊營養師

　　寶寶放假固然開心，但他們留在家中搗蛋卻令媽媽非常頭痛。其實，媽媽只需準備一些簡單食材，便可以和寶寶一起享受下廚樂趣。本文邀請了營養師吳耀芬和她的兩名寶貝女兒一同示範親子「煮飯仔」，只有 1 歲半的小女兒紫蕾都做得到！

粟米比得薄餅

材料 (1 人份量)

比得包 (pita bread) .... 1 塊
罐頭粟米粒........................ 1/2 碗
Mozzarella 芝士 .... 2 湯匙

做法

❶ 先在焗盤上放上牛油紙，以免製成品黏着焗盤，然後放上比得包，作為薄餅的餅底。

❷ 由寶寶按自己喜好，把粟米放在餅底上。

❸ 再放上芝士條，份量也是按喜好而定。

❹ 把半製成品放入焗爐 3 至 4 分鐘，直至比得包表面烤至金黃色。

營養價值

　　比得包由全麥製成，含有豐富的高膳食纖維，促進寶寶腸胃健康，而所含的澱粉質則能提供運動的能量；粟米同樣含豐富的膳食纖維，防止寶寶便秘，同時含有不同脂肪酸和卵磷脂，有助靈活頭腦，幫助記憶力；芝士則含豐富的鈣質和蛋白質，幫助寶寶健康發育成長。

纖營香葱豬肉餃

材料 (1 人份量)

水餃皮 ....5 塊
免治豬肉 ....80 克
香葱 （切粒） ....3 棵

醃料

生抽 .... 1/2 茶匙
糖 .... 1/4 茶匙
鹽 .... 少許
粟粉 .... 1 茶匙

做法

❶ 豬肉加入醃料和香葱粒。把材料拌勻。

❷ 由寶寶拿着水餃皮，再由媽媽協助放上餡料。

❸ 年幼寶寶在媽媽協助下也能做到。

❹ 任由寶寶把餃子捏成不同形狀，只要餡料不掉出來便可。

❺ 年幼寶寶不難掌握這步驟，媽媽可放手讓其發揮。

❻ 把半製成品餃子用中火蒸約 10 分鐘，即成。

營養價值

　水餃皮含有碳水化合物，能為寶寶提供大腦和肌肉所需要的能量；而水餃中已包含了肉類和蔬菜，令平日不喜愛吃蔬菜的寶寶在不知不覺間吃下，有助身體吸收膳食纖維、維他命和蛋白質，助寶寶健康成長。

製作小貼士

❶ 豬肉未完全煮熟時，不宜讓寶寶放入口中或吃下，媽媽要多加留意。

❷ 媽媽可多準備一碗清潔食水，讓寶寶更易黏合水餃皮。

❸ 剛蒸好的水餃溫度很高，內含有肉汁，提醒寶寶小心燙嘴。

隨時隨地
補充蔬菜營養！

Full of veggies!
Ideal for
On the Go!

德國

pumpkin organics

www.pumpkin-organics.com

🌿 **100% 有機材料**
100% Organic Ingredient

🌿 **高達 70% 蔬菜成份**
Up to 70% of veggie

🌿 **無色素、無防腐劑、無添加糖及鹽**
No coloring, preservative, added sugar and salt

🌿 **不含乳糖**
Lactose free

🌿 **不含濃縮劑**
Not from Concentrate

EUGENE **baby** 有佳 · EUGENE **baby**.COM

Retailers in Hong Kong & Macau

100% 有機   歐盟有機標誌

Part 2
營養攝取

不同食物有不同營養，如何攝取食物中的營養，
對小朋友成長十分重要。本章選了多種維他命、
營養素分別講解，包括維他命 D、E、K，以及碘質、
油的重要性等，都會由營養師詳盡解釋。

食隔夜菜或致
高鐵血紅蛋白症

專家顧問：馮偉正 / 兒科專科醫生

　　蔬菜有益健康，不過大部份蔬菜都含有硝酸鹽，有機會引致高鐵血紅蛋白症，會令血液輸送氧氣的功能出現問題，香港亦曾有個案。一些隔夜不新鮮的蔬菜，其中的含量相對較高，所以媽媽在揀選及處理蔬菜時一定要小心。

當蔬菜中的硝酸鹽跟身體的細菌混合後，便會轉化成亞硝酸鹽，繼而增加高鐵血紅蛋白的含量並引發症狀。

某些加工食品，如臘腸有可能會使用硝酸鹽作防腐劑之用，寶寶應少吃為妙。

兩大致病因素

高鐵血紅蛋白症屬血液系統問題，成因可分為兩類：

❶ 先天因素

鐵質出現氧化本是正常現象，所以人體會自行製造酵素，把高鐵血紅蛋白還原正常。不過，有些寶寶因先天問題，如基因變異等，令體內無法製造出還原酵素，引致高鐵血紅蛋白的數字持續累積，並引發症狀。

❷ 後天因素

血紅蛋白可分為成人類及胎兒類兩種，胎兒類即是出生前已有的血紅蛋白，在寶寶出生後會維持 70 至 80% 的水平，並需要一段時間才能慢慢被成人類蛋白取代。由於胎兒類蛋白特別容易受氧化，所以當接觸到某些帶氧化性的物質，如食物、藥物或化學物質時，便會引發症狀。

再且，正常寶寶體內的還原酵素製造功能，於 6 個月大之前還未發展成熟，一旦出現上述情況，便會令患病的機會增加。

硝酸鹽 vs 亞硝酸鹽

由於胎兒類血紅蛋白的水平，以及還原酵素的發展都難以控制，所以媽媽只能從外來因素入手，避免讓寶寶接觸帶氧化性的物質，如日常時常接觸到的蔬菜。

由於蔬菜的生長需要氮質，所以農作物都會有一定份量的氮

化合物，而其中一種成份便是硝酸鹽 (nitrate)。硝酸鹽本身不含毒性，亦不容易令血紅蛋白氧化。不過，進食大量蔬菜會令硝酸鹽攝取增加，當它們跟體內的細菌混合後，便會轉化成亞硝酸鹽 (nitrite)。

　　由於亞硝酸鹽容易產生氧化作用，所以攝取過多會增加患病的機會。基本上，新鮮的食材本身是不含亞硝酸鹽，但有很多加工食品都會以此來作為防腐劑，所以進食這類食品同樣有機會引發問題。

硝酸鹽含量較高蔬菜

種類	歐洲食物安全局數據 （每千克含量）	*《中國食品衛生雜誌》數據 （每千克含量）
菠菜	64 至 3,048 毫克	1,388 至 5,214 毫克
紅菜頭	110 至 3,670 毫克	沒有相關數據
白蘿蔔	135 至 3,488 毫克	1,105 至 3,721 毫克
莧菜	439 至 3,483 毫克	沒有相關數據

*數字為北京市春季蔬菜硝酸鹽含量測定數據經整數調整後所得。
(香港食物安全中心提供)

硝酸鹽含量較低蔬菜

種類	歐洲食物安全局數據 （每千克含量）	*《中國食品衛生雜誌》數據 （每千克含量）
豌豆	1 至 100 毫克	沒有相關數據
番茄	1 至 144 毫克	12 至 72 毫克
椰菜花	7 至 390 毫克	164 至 854 毫克
青瓜	22 至 409 毫克	56 至 570 毫克
茄子	29 至 572 毫克	169 至 643 毫克
西蘭花	16 至 758 毫克	沒有相關數據

*數字為北京市春季蔬菜硝酸鹽含量測定數據經整數調整後所得。
(香港食物安全中心提供)

皮膚呈藍紫色

高鐵血紅蛋白的症狀是皮膚及嘴唇呈現藍紫色，但因為有些疾病同樣會引致這個情況，所以懷疑患病的寶寶需接受抽血檢驗。由於問題會造成缺氧，故血液暴露於空氣中時會呈咖啡色，而非正常的鮮紅色。此外，檢驗過程還會測量高鐵血紅蛋白的含量指數，以確定問題的嚴重性：

高鐵血紅蛋白指數

指數	嚴重性	症狀及影響
低於 1%	正常水平	不會引發症狀及造成影響。
超過 15%	偏高水平	寶寶的嘴唇及皮膚會變成紫藍色，還會伴隨頭痛、呼吸困難及焦躁不安的情況。由於這個時候已有潛在危險，故不能再讓數字繼續增加。
超過 50%	高水平	上述症狀持續，還會出現腦部缺氧的反應，如氣促、昏睡及抽筋等。
超過 70%	嚴重水平	這個時候已影響腦部及心臟功能，甚至危及性命。

以還原藥物治療

患病寶寶可以使用藥物還原血紅蛋白，如情況緊急會先採用注射方式，然後再透過口服藥物紓緩問題。不過，蠶豆症寶寶本身的氧化機能跟一般人不同，這些藥物對他們是沒有功效的，所以當出現嚴重情況時，他們有可能需要接受換血治療。一般來説，如果病情能及早發現且並未達到嚴重程度，甚少會引起併發症或後遺症。

至於屬先天問題的寶寶，因為情況會長期持續，所以不能單靠藥物治療，同時還要攝取足夠的維他命 C，此為醫學界最常用的天然還原劑。

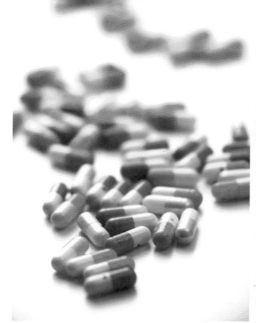

盡量避免自行購買藥物給寶寶服用。　　　　　　　　　　　避免把菜蓉存放過夜。

四大預防措施

　　雖然高鐵血紅蛋白症較為罕見，但香港亦曾經有兩名分別是8個月及6個月大的嬰兒，在進食莧菜粥及白菜粥後，因攝取過多的亞硝酸鹽而引發問題，所以媽媽切勿掉以輕心，並要謹記以下的預防措施：

1.　藥物要慎用

　　某些藥物會引發高鐵血紅蛋白症，但在一般情況下，醫生都不會處方這些藥物給年幼的寶寶。不過，如果寶寶曾經患過此疾病，求醫時應説明這個情況，好讓醫生在處方時加倍留意。

　　雖説市面上可以買到的藥物都有一定的安全性，但媽媽亦應盡量避免自行購買藥物給寶寶服用。而且，某些嬰幼兒用品，如用來紓緩出牙不適的啫喱，有機會含有麻醉藥的成份，同樣會造成氧化作用，而有些個案的成因確實是由這類產品引起，所以在使用前，最好先諮詢醫生的意見。

2.　避免吃隔夜蔬菜

　　把蔬菜打成蓉的過程中會將酵素從蔬菜細胞中釋出，繼而加速硝酸鹽轉化成亞硝酸鹽的化學作用。所以菜蓉製成後應讓寶寶盡快食用，還要避免把菜蓉存放過夜，以免亞硝酸鹽在持續的化

學作用下不斷累積。

　　不過，即使是新鮮的蔬菜，如果儲存出現問題或冷藏措施不足，同樣會令其表面的細菌增長，繼而產生相同的化學作用，所以任何食物都應以即買即食為佳。

3.　選擇多元化食材

　　由於大部份蔬菜都含有硝酸鹽，而且每個種類的份量各有不同，所以較難為進食量訂立標準。不過，即使在正常的情況下，長時間只進食相同的食物，都會狹窄了營養的來源，所以寶寶應多接觸不同類型的食材，以及維持適當的進食量，才能確保健康。

　　此外，很多加工食品都會採用亞硝酸鹽來作為防腐劑，雖然大部份國家都會嚴格監管其中的份量，但媽媽在揀選時，同樣要以有品質保證的食品為首選。

4.　先以熱水煲煮

　　如要減少硝酸鹽的含量，在烹調前可先用熱水煲煮蔬菜 1 至 3 分鐘，及後還要把所有煮菜的水倒掉。因為熱水不能分解硝酸鹽，只能在煲煮的過程破壞蔬菜的細胞，令困於細胞內的硝酸鹽流到水中。因此，如果媽媽在煲煮後直接連同菜水一起煮粥或熬湯，同樣會攝取到當中的硝酸鹽。

維他命D
補鈣好幫手

專家顧問：陳穎心 / 註冊營養師

　　維他命 D 在人體中所起的功效不容忽視，皆因小至牙齒，大至全身的骨骼，都可謂與它息息相關。鈣質對於各生長階段也很重要，無論是血液還是骨骼健康都需要足夠的鈣質，而維他命 D 正正是人體補充鈣質的好幫手。

各階段必需品

人體需要鈣質來幫助心臟、肌肉及神經正常運作，而它對人體血液的正常凝結也很重要。但怎樣才能使身體吸收足夠的鈣質呢？那就絕對不得不提維他命 D 了！它能促進身體對鈣質的吸收，不僅是成人，就算是年幼寶寶在每個成長階段也需要它。維他命 D 不僅能幫助寶寶的牙齒和骨骼成長，還能令其腦部細胞和神經正常地發展。

維他命 D 在哪裏？

無論是寶寶還是大人，都可通過陽光和食物這兩種途徑補充維他命 D。對於還未開始進食固體食物的寶寶來說，可通過曬太陽來補充維他命 D；而對於大寶寶來說，則可雙管齊下，多吸收陽光，以及進食以下含有維他命 D 的食物：

- **食物：** 吞拿魚、三文魚、鯖魚、蛋黃、蘑菇、全脂奶類食品等
- **營養補充劑：** 魚肝油
- **陽光：** 把寶寶帶到戶外地方曬太陽，不妨手腳外露，讓皮膚自製維他命 D

建議攝取量

根據美國專業機構的數據顯示，寶寶對於維他命 D 的攝取量可分為以下兩個階段：

- **0-12 個月寶寶：** 10μg(微克)/ 日（份量約為 3 安士三文魚）
- **1-13 歲寶寶和兒童：** 15μg(微克)/ 日（份量約為 4 至 5 安士三文魚）

攝取不當

維他命 D 能夠讓寶寶擁有強健的骨骼，若寶寶攝取不足，不僅骨骼會變得脆弱影響發育，長期嚴重缺乏的話，還會患上佝僂病，骨頭的形狀將出現異常，如手腳關節腫脹變形、胸骨和肋骨交接部份向前凸出等。佝僂病是一種會在兒童時期發生的疾病，常見於一些貧困地區，只要及時補充維他命 D，家長不必擔心寶寶患有該病。

另一方面，若寶寶過量地攝取維他命 D 亦會後果嚴重，或會令血液中的鈣含量偏高，體內的軟骨便會鈣化，從而導致器官受

寶寶日常生活中要有均衡飲食。

損，心跳亦會出現異常。因此，寶寶於日常生活中有均衡飲食，並且適當地曬太陽，父母便不必為他們額外準備維他命 D 補充劑。

烹調要點

研究發現，維他命 D 在長時間高溫的環境下，其流失率偏高，如長時間放在焗爐中烹煮，維他命 D 便會從食物中流失。因此，在烹煮三文魚、鯖魚、蛋黃等含豐富維他命 D 的食物時，盡量避免使用焗爐，最好選擇在短時間內煎或炒，這樣能夠保留較多的維他命 D 在食物中。

維他命 D 食譜

藍莓香蕉奶昔 *(適合 12 個月以上寶寶)*

材料

香蕉 .... 1 條
藍莓 .... ½ 杯
全脂奶 .... ½ 杯
碎冰 .... 1 杯

做法

❶ 將藍莓洗淨，瀝乾備用。
❷ 香蕉切片，備用。
❸ 將全部材料放入攪拌機，攪拌即可。(可按個人口味決定加入多少碎冰)

營養小貼士

　香蕉含有豐富的維他命和礦物質，容易吸收；藍莓含膳食纖維和維他命 C，還有大量有利於視網膜的花青素；而全脂奶則能提供維他命 A、D、E、K。

三文魚菜粥 *(適合 12 個月以上寶寶)*

材料

三文魚 .... 80 克
小白菜 (切粒) .... ½ 碗
米 .... 100 克

做法

❶ 將三文魚蒸熟，用湯匙壓成蓉狀備用。
❷ 將米洗乾淨，放入適量水浸泡 30 分鐘。
❸ 大火煮沸，轉小火煮至粥般呈黏稠狀。
❹ 拌入菜粒及三文魚蓉，大火煮沸即成。

營養小貼士

　三文魚含有豐富的維他命 D 和不飽和脂肪酸，其所含的奧米加三脂肪酸還能幫助腦部和眼睛發育；小白菜能提供豐富的蛋白質、膳食纖維等營養素，可通利腸胃。

維他命 E
保衛健康勇士

專家顧問：黃榮俊 / 資深營養師

　　維他命 E 是幫助寶寶保衛健康的勇士，強壯他們的身體，擊退傳染病和其他病菌。寶寶吸收足夠的維他命 E，更能有效預防多種心血管疾病。要是媽媽在懷孕時攝取足夠的維他命 E，也能有效預防流產和早產，對胎兒的健康有莫大裨益。

綠色蔬菜　　　　　　　　　　花生　　　　　　　　　　　芝麻

好處多籮籮

維他命 E 除了一般認知可以增強免疫系統功能，幫助寶寶預防傳染病外，還可有助其維持呼吸道的健康和幫助血液循環。維他命 E 在寶寶成長的各個階段都非常重要，因它能延長身體細胞的壽命，延緩細胞老化，有效抵抗動脈硬化而引致的心臟和腦血管疾病，並有助降低血壓和預防癌症。另外，它也能保護寶寶的神經系統、骨骼肌、視網膜免受氧化損傷，是助神經肌肉系統正常發育和視網膜功能不可或缺的營養素。

最佳建議攝取

維他命 E 可以從植物油中攝取，包括常見於煮食用的粟米油、大豆油、紅花油、棉籽油等。此外，營養補充品 (如魚油、魚肝油)、大豆、堅果 (如花生、杏仁)、芝麻、薏仁、未精製穀類、小麥胚芽，還有米類 (如糙米) 和綠色蔬菜 (如西蘭花) 等，也能從中攝取維他命 E。而維他命 E 是脂溶性維他命，用油烹調會讓身體更有效地被吸收。各階段的寶寶建議攝取量如下：

月 / 年齡	攝取量 (μg/day)
0-6 個月	4
7-12 個月	5
1-3 歲	6
4-9 歲	7-11

攝取量不當影響

　　適量攝取維他命 E 對身體的好處甚多，如孕婦攝取維他命 E，對預防流產和早產很有幫助。但一旦攝取過多或過少，都會為孕婦及寶寶身體帶來嚴重後果，有損健康。

- **攝取過多：**長期過量攝取維他命 E，會出現頭痛、暈眩、噁心、腹瀉、腹脹、腸痙攣、口腔炎、口唇皺裂和抑鬱等不良反應。此外，有機會引致寶寶的血脂量過高，阻礙血液凝固；以及降低維他命 A 和維他命 K 對身體的作用，誘發連串的健康問題，父母應細心留意。

- **攝取過少：**孕婦在懷孕期間，母體通過胎盤輸送給胎兒的維他命 E 很少，所以初生寶寶或早產寶寶血漿中的維他命 E 普遍偏低。若母體缺乏維他命 E，便會令寶寶體內的維他命 E 嚴重不足，導致其血球容易破裂而產生貧血，即溶血性貧血，甚至會間接引致寶寶出現黃疸。此外，缺少維他命 E 也會引起腸胃不適、水腫、皮膚病和肌肉衰弱等問題。

維他命 E 食譜

栗子合桃排骨湯 *(適合6個月以上寶寶)*

材料

栗子 ....100 克
合桃肉.......40 克
排骨 ....100 克
水 .... 適量
鹽 .... 適量

營養小貼士

　　合桃含豐富維他命 E、鈣及鎂，有助寶寶的大腦傳遞信息；栗子則含豐富的碳水化合物，為寶寶的腦部細胞提供葡萄糖，促進新陳代謝。

做法

❶ 栗子去殼，放入沸水煮數分鐘，去衣，備用。

❷ 合桃去殼取肉。

❸ 排骨放入沸水中煮 10 分鐘，撈起瀝乾水份，備用。

❹ 煲中放入適量清水煮沸，再放入所有材料以中火煲半小時，再用慢火煲 2 小時，以鹽調味即可飲用。

乾果麥片 *(適合 12 個月以上寶寶)*

材料

合桃 .... 3 粒
黑芝麻........................1 茶匙
葡萄乾........................1 茶匙
麥片 ....4 湯匙
低脂奶........................... 1 杯

做法

❶ 把合桃壓碎成小碎粒。

❷ 將所有乾材料加入碗中混合。

❸ 倒入低脂奶，拌勻即成。

營養小貼士

　　合桃及黑芝麻均含有豐富維他命 E；黑芝麻更含鐵質，有助製造紅血球，增加寶寶的腦部氧氣量。而葡萄乾含豐富果糖，進入血液後會慢慢轉化為葡萄糖，能令腦筋清醒。而麥片則含維他命 B 雜，媽媽食用能改善情緒緊張，以及紓緩腦力透支問題。

維他命 K
凝血必備

專家顧問：江政宇 / 註冊營養師

　　寶寶在出生的時候，普遍會有缺乏維他命 K 的危險性；由於初生嬰兒的腸臟未完全運作，未能製造維他命 K 的細菌，但只單靠媽媽給予的營養仍是不足夠。所以，現在醫生會例行地為剛出世的寶寶注射維他命 K，防止他們因缺乏維他命 K 而有礙凝血。

栗米油、花生油、芥花籽油中，都含有維他命 K。

維他命 K 功能

　　維他命 K 對身體的凝血功能有着重要作用，亦有新研究指出，血液中維他命 K 含量較低的人，比起較高者更容易出現骨折情況；這足以證明維他命 K 除了有助凝血外，還可以增加對骨質密度和預防骨折，而且它能對抗肝臟有害細菌，維持肝臟健康，是人體中不可或缺的維他命之一。

　　生活於香港，缺乏維他命 K 的個案是很少的，除非是長期營養不良，或需要長時間注射抗生素殺滅腸細菌的人士。而一般嬰兒在出生時注射或口服維他命 K 後，他們在餵哺母乳、配方奶粉，以及進食固體食物，都可以吸收到足夠的維他命 K，所以父母不用擔心。

不同年齡攝取量

　　維他命 K 主要分為 K1、K2、K3 三大類別，最容易在食物中

月 / 年齡	維他命 K(微克)
0-6 個月	5
7-12 個月	10
1-3 歲	15
4-9 歲	20

西蘭花　　　　　　　　　　　　蘆筍

吸收到的就是維他命 K1。大部份的綠葉蔬菜中，都有維他命 K，若以半杯做單位，每份均超過 100 微克，而含較高維他命 K 的綠葉蔬菜有西蘭花、莧菜、菠菜、芥蘭、豆苗等；含有 25-100 微克中度的，有絲瓜、奇異果、白菜、蘆筍等；植物油如粟米油、花生油、芥花籽油中，都含有維他命 K，所以不難攝取足夠份量。根據聯合國糧食及農業組織的數據顯示，不同年齡的寶寶對維他命 K 的攝取量皆有不同；然而，暫時還未知道攝取多少維他命 K 才稱為過量，亦未有因過量攝取而中毒的個案。

缺乏後果

如果身體缺乏對於凝血有重要作用的維他命 K，或經常有瘀傷、流鼻血、牙肉出血、排泄物帶血等；要是情況嚴重的話，更會影響肝臟運作，甚至受損。其實，只要寶寶維持正常飲食，在綠葉蔬菜中已經能攝取足夠人體每日所需的維他命 K；建議大一點的寶寶，可以多吃綠葉蔬菜製成的糊仔或食物，以攝取維他命 K 的同時也可吸收其他營養。

食用時要注意！

維他命 K 是不會因為過熱或放置過久而流失，所以媽媽可以放心烹煮。但對於要預防和治療血栓塞性疾病，而服用薄血丸來減低血液凝結及血塊形成的人來説，由於維他命 K 是幫助凝血，與薄血丸的作用剛剛相反，所以攝取時要相當小心，最好每日要攝取同一的份量，以免造成反效果。 當然，詳細情況最好諮詢主診醫生的意見。

維他命 K 食譜

菠菜釀蜆殼粉 *(適合 6 個月以上寶寶)*

材料

大蜆殼粉 .....8 個	牛奶 .... 1/4 杯
菠菜葉 .... 1 杯	芝士碎 ..... 2 湯匙
	上湯 .... 2 杯

營養小貼士

　　菠菜含有豐富維他命 K 外，亦含豐富鐵質及鈣質，對小孩成長非常重要。另外，大蜆殼粉可讓寶寶手握自行進食，讓他們親手感受不同食物的質感。

做法

① 將水放鍋煮滾，加入蜆殼粉，隔水備用。

② 菠菜洗淨，略為切碎。

③ 燒熱鑊，落少許油，下菠菜略炒。

④ 將菠菜混合芝士碎，釀入蜆殼粉中，之後回鑊拌勻，加上上湯即成。

雜菜熟蛋米線 *(適合 12 個月以上寶寶)*

材料

米線 (乾)...60 克	西蘭花 ....50 克
番茄 .... 1 個	雞蛋 .... 1 隻
蘆筍 ....20 克	水 .... 適量
甘筍 ....30 克	(可用魚湯代替)

營養小貼士

　　以魚湯底煮米線能提供足夠味道，只需要加入少量食鹽作調味即可；以免寶寶攝取過多鹽份，為腎臟帶來不必要的負擔。

做法

① 番茄洗淨，開邊，去籽，再切粒。

② 把蘆筍、甘筍、西蘭花分別洗淨，切粒備用。

③ 雞蛋焓熟，去殼開邊。

④ 將水加入鍋煮滾，放入番茄、蘆筍、甘筍、西蘭花，煮 3 至 5 分鐘。

⑤ 米線煮至軟腍，再加入雞蛋翻熱即成。

保護眼睛
要識吸收營養

專家顧問：區雅珊 / 澳洲註冊營養師

　　從小開始護眼，對於孩子來說非常重要，除了避免長時間使用電子產品及看電視外，更可以讓他們進食對眼睛有益的食物，吸收足夠的營養，讓眼睛保持健康，避免患上大近視。

0 至 4 歲視力發展進程

根據美國視光協會的資料，0 至 5 歲的孩子，他們的視力發展進程大致如下：

年齡	發展進程
0 至 4 個月	• 剛出生的嬰兒視力較低，還未能輕鬆地分辨兩個目標之間的不同。眼球轉動多數無目標的，只能聚焦在眼前約 20 至 25 厘米以內的物件。 • 1 個月大（4 至 5 星期）：開始聚焦在爸媽的臉部。 • 1 至 3 個月大，手眼協調能力開始發展，開始注意到自己的手，約 3 個月大的時候可開始用眼睛跟隨移動的物體，並伸手去拿東西。
5 個月至 2 歲	• 眼球和頭部的快速發展，包括手眼睛及身體的協調，到 2 歲時已漸漸掌握到。 • 5 至 10 個月大：掌握立體視覺及顏色敏感度，開始認得家人的樣子。 • 12 個月大：開始學習爬行走路，玩玩具的時候，已懂得利用眼睛所看到的影像來判斷與目標的距離，可以瞄準目標來擲東西。 • 1 至 2 歲：能認出書中熟悉的物體和圖片，並能用蠟筆或鉛筆塗鴉。
2 至 4 歲	• 手眼協調繼續增強，孩子更擅長拼圖或拼砌玩具。 • 孩子的視力逐年增強，到 4 至 5 歲時，他們的視力及敏銳度會發展至接近成人視力水平。

重要護眼營養

為了能夠讓孩子擁有更好的視力，避免年紀小小便要開始戴眼鏡，澳洲註冊營養師區雅珊建議家長可以讓他們吸收以下營養素，對於護眼有幫助：

葉黃素及玉米黃素

• 嬰兒剛出生的時候，除了視網膜中心的黃斑點之外，眼部所有

部份都已經發展完成。

- 黃斑點的部位會持續發展，直至 4 歲發展完成。
- 葉黃素及玉米黃素是構成視網膜中心（黃斑點）的物質。
- 估計能吸收 40 至 60% 藍光，因而能減少藍光損害眼睛的黃斑區。
- 它們亦是很有效的抗氧化劑，預防自由基所引起的氧化傷害。
- 生命後期視網膜中葉黃素和玉米黃質的水平，可能會受到攝入量的影響，特別是在出世後的第一年。
- 我們身體不能自己製造葉黃素及玉米黃素至足夠份量，所以需要從食物中攝取。
- 含有葉黃素的食物包括大部份的橙黃色及深綠色蔬菜，例如南瓜、胡蘿蔔、彩椒等；蛋黃亦是這些營養素的豐富來源。
- 西蘭花、椰菜仔（又稱抱子甘藍）、粟米、雞蛋、羽衣甘藍、

桃、橙、木瓜、生菜、菠菜、南瓜都含有這兩種營養。

- 杞子含玉米黃素及葉黃素量亦不少。

攝取足夠 DHA

- 除了對腦部發育有好處外，有研究顯示，在嬰兒期攝入足夠的 DHA，可以改善兩歲半孩子的手眼協調能力，以及可以令 5 歲的孩子專注力更佳。
- 除大腦外，人體內 DHA 含量最高的部位是在眼睛的視網膜中，所以，讓孩子吸收這兩種營養素是非常重要。

維他命 A 很重要

就着營養素不足而導致眼睛問題，區雅珊表示，過往的研究比較多集中在發展中國家及貧窮地區，長期攝取不足夠熱量、蛋白質而導致營養不良、較多患上維他命 A 缺乏症、逐漸演變成夜盲症。已發展國家較富裕，一向比較少出現這問題，但近年開始多個別案例探討兒童嚴重偏食及過份節制的飲食情況，他們血液中維他命 A 濃度非常低，這樣會永久損害角膜健康，影響視力。

於 2017 年多倫多發表一份個案研究報告指，1 位亞裔 11 歲男孩有偏食習慣，父母亦以避免可能引發濕疹發作的飲食過敏原為理由，只讓他進食 6 種食物，包括薯仔、豬肉、羊肉、蘋果、青瓜和穀物麥片。在 8 個月的時間中，他的視力惡化，導致光敏感、夜盲症和視力很差，他只能在 30 厘米遠的地方檢測到手部動作。

另外，生活在發達國家患有自閉症的孩子，因不良飲食習慣而導致維他命 A 缺乏的報告，也有 4 個個案來自美國、1 個個案來自日本，這些孩子 2 年來只進食炸薯條及飯糰，血液中維他命 A 的濃度非常低，導致其眼睛神經出現退化。

眼垢太多小心發炎

正常的情況下，我們的眼睛也會有一些分泌物，但如果孩子流出的分泌物增多，並且是黃綠色，而眼睛看起來呈粉紅色或紅色，可能他們患上了結膜炎，應請教醫生。

0 至 4 歲護眼食物

對於不同年齡的孩子來說，適合他們護眼的食物亦不同，家長可以根據區雅珊建議，給予孩子進食適合的食物。

0 至 1 歲

- 零至 6 個月期間，母乳是寶寶在首 6 個月的主要食糧。
- 研究顯示，母乳是嬰兒斷奶前葉黃素和玉米黃素的主要膳食來源。
- 7 至 11 個月的寶寶正在適應吃固體食物，建議每日給予他們進行米糊、粥或軟飯，可加入 1 至 2 湯匙蔬菜及半至 1 湯匙肉類。

深綠色蔬菜如西蘭花，對眼睛健康有保障。

- 深綠葉蔬菜如菜心、小白菜、西蘭花、芥蘭、芥菜、莧菜等。
- 黃色蔬菜如南瓜、番薯、番茄、粟米、洋葱等。
- 烹煮蛋黃菠菜米糊、雞肉紅蘿蔔粥是不錯的選擇。

1 至 2 歲

- 1 至 2 歲吃母乳的孩子，媽媽可以繼續給他們吃母乳。
- 建議每日給他們吃軟飯或麵類，當中可以加入 4 至 8 湯匙蔬菜及 2 至 4 湯匙肉、魚、蛋類（每星期有兩次魚類），例如吞拿魚飯糰。
- Finger food 可以訓練孩子手眼協調，可以給他們吃番薯條或蔬菜條。

2 至 4 歲

- 2 至 4 歲的孩子應與家人一起晉餐。
- 2 至 5 歲的孩子平均每天需要進食約 1.5 至 2.5 碗穀物類食物。
- 建議每天進食至少 3/4 碗煮熟的蔬菜。
- 建議每天進食 1 両半至 3 両肉或魚。
- 飯：½ 至 ¾ 碗（1 碗的容量為 250 至 300 毫升）；蔬菜 ¼ 至 ½ 碗（1 碗的容量為 250 至 300 毫升）；肉魚蛋類：1 至 2 中式湯匙（20 至 40 克）。

韓國製造
Made in Korea

為孩子準備健康米零食

不經油炸
No oil-frying

糙米泡芙
Brown Rice Puff

12m+

訓練寶寶抓握小物件的能力
helps develop baby's
grasping small object's skill

6m+

有機米條
Organic Rice Stick

2種或以上的水果或蔬菜成份
2 or more kinds of fruits
and vegetables

• 韓國楊平郡優質米源製成
Made of High-quality Rice cultivated in Yangpyeong, Korea

6m+

有機米牙仔餅
Organic Rice Rusk

幫助紓緩寶寶出牙不適
helps baby to soothe
tooth itch

• 質感鬆軟，寶寶入口易溶
Melt quickly in baby's mouth with a soft texture

幼兒攝碘不足
嚴重或損智力

專家顧問：黃蔚昕 / 澳洲註冊營養師

　　衛生署在 2021 年發表的《碘質水平調查報告》顯示，不服用含碘補充劑的哺乳婦女，其碘狀況屬於「不足」。這會影響到飲母乳的初生嬰兒的碘質吸收，如果碘質不足，兒童的大腦和中樞神經系統便可能會遭到不可逆轉的損害。

碘質不足或損智力

澳洲註冊營養師黃蔚昕表示，碘質是必須通過食物攝取的營養素，主要幫助身體組成甲狀腺素，而甲狀腺素是幫助孩子成長發育一個很重要的激素，能幫助神經系統的發展，對心血管、新陳代謝、消化等亦有重大的影響。

因此，從食物攝取足夠的碘質以幫助身體維持正常的甲狀腺素水平是十分重要的，萬一媽媽在懷孕期間或小朋友攝取碘質不足夠，有可能損害小朋友的腦部發育，嚴重的話，會導致智力受損。

5 歲前日需 90 微克

人體不能夠儲存大量碘，所以適宜每天少量攝取，保持身體有足夠供應。零至 4 歲的幼童每天約需 90 微克的碘質，這是按照每天每千克體重需要 15 微克的碘質計算出來的。

嬰兒在 6 個月大之前，母乳或配方奶是膳食中唯一營養來源，媽媽母乳中碘質水平十分依賴飲食以維持，因此哺乳婦女亦須攝取足夠的碘質。衛生署或國際建議媽媽要提升飲食中的碘質，每天要有 250 微克方可確保母乳含碘量是足夠的。若給嬰兒飲配方奶，國際標準是每 100 卡路里的配方奶應要有 10 至 60 微克的碘質才是合規格的。

乾海帶含碘量很高

嬰兒在 6 個月大之後，將會開始慢慢加固，定時定候攝取一

哺乳婦女如何攝取足夠碘質給寶寶？

以香港成人的飲食習慣，單以日常飲食一般較難滿足哺乳婦女對碘的需求。衛生署對哺乳婦女攝取碘質達至每天所需的 250 微克作了一些建議：

❶ 哺乳婦女定期服用含碘的補充劑，查看補充劑的碘含量以確保每天能夠從補充劑攝取最少 150 微克的碘。

❷ 吃碘質豐富的食物作為均衡飲食的一部份，若未能服用含碘的補充劑，哺乳婦女可以通過增加日常飲食中的碘質量，以滿足每天攝取 250 微克碘的需要。

❸ 以加碘食鹽代替一般食鹽，注意成人每天從膳食攝入的鹽份不應逾 5 克（不多於 1 茶匙）。

些含碘量高的食物，對碘質的攝取十分重要。碘質豐富的食物包括：

- 海魚，如紅衫魚、鱠魚、黃斑、馬頭
- 牛奶及奶製品
- 海產，如蝦、青口
- 海帶、紫菜
- 雞蛋

　　黃蔚昕提到，乾海帶的碘質含量很高，1 克已有 2,600 微克的碘，不建議小朋友天天進食，因怕攝取過量，建議每 2 至 3 星期在給小朋友吃的粥中加入約一個麻將表面那麼大的海帶碎。

飲食多元化便足夠

　　黃蔚昕補充，大致上，飲食夠多元化便可攝取到足夠的碘質，舉例說，幼童加固後每天飲大約 600 至 700 毫升的配方奶，並吃 1 隻雞蛋、2 至 3 匙的海魚肉，碘質攝取量便已足夠，毋須額外服含碘補充劑。除非他們非常揀飲擇食，或在進食方面發展得不太好，連奶也不能多飲，那時便不是僅擔心碘質不夠了，可能其他微量營養素也不足，或需用到補充劑或綜合維他命。

過多碘質擾亂甲狀腺功能

　　若吸收過多碘，會擾亂甲狀腺正常功能，或會導致甲狀腺素分泌過多，令甲狀腺功能較為亢奮，嚴重者甲狀腺會腫大，變大頸泡。此外，亦有機會增加口水分泌，喉嚨出現不適如咳嗽和口腔有金屬味。

　　長期過量碘質攝取會導致胃和腸道發炎，帶來噁心、嘔吐、呼吸困難、發燒、腹部疼痛等。

　　因為碘於烹煮過程中會溶於水中，為比較有效保存食物中的碘質，黃蔚昕建議，家長宜多採用快炒和蒸煮這兩個煮食方法。為減少碘質流失，甲殼類海產如蝦和蟹宜原隻烹煮。因為加碘食鹽會因潮濕、受熱和陽光照射而流失碘，所以應在上菜時才下少量加碘食鹽。平時應將加碘食鹽存放在密封和有色的容器裏，並置於陰涼乾爽處。

常見食物含碘量

　　若零至 4 歲的幼童健康正常、飲食均衡，應該不會不夠碘，因為他們每天只需約 90 微克的碘，要從日常飲食中攝取足夠的碘質並不困難。這裏列出一些食物的含碘量：

食物碘質含量		
食物	份量	碘質 (微克)
雞蛋	1 隻	20 — 25
牛奶	250 毫升	20
紅衫魚	100 克	36
馬頭	100 克	35
零食紫菜	1 克	34

缺乏油份
可致夜盲症

專家顧問：楊曉茵 / 澳洲註冊營養師

　　提起油，大多數人都會產生抗拒感覺，總會認為油是不健康的食物，容易引起各種疾病。事實上，油是大家不可或缺的物質，倘若孩子在成長過程中缺乏油份，有機會導致營養不良，影響牙齒及骨骼健康，甚至有可能出現夜盲症。

3 大類油

　　走進超級市場，大家都可以看到林林總總的油，花多眼亂，難以選擇。澳洲認可營養師楊曉茵指出，現時坊間的油主要分為 3 大類，包括堅果種子類，例如花生、芥花籽及葵花籽油；另一種是水果類，如橄欖油、牛油果油及椰子油；最後一種是豆類，例如大豆油。

　　基本上，植物油大多含有不同的營養成份，例如橄欖油和芥花籽油的主要脂肪成份是單元不飽和脂肪酸，而葵花籽油中的主要脂肪成份，則是多元不飽和脂肪酸。研究指出，單元和多元不飽和脂肪酸都可以有助控制膽固醇，適量食用可以減低罹患心血管疾病風險。在以上提及的植物油例子中，椰子油含最高的飽和脂肪酸，由於飽和脂肪酸可以增加體內的壞膽固醇，對心血管造成不良影響，所以不建議食用。

含有不同營養

　　大家別以為油就一定沒有益處，其實油都含有不同營養成份，對身體健康有幫助。大部份的植物油都含有豐富的脂溶性維他命，例如維他命 E，而維他命 E 是一種抗氧化劑，可以減低體內的氧化壓力，從而保護細胞，並能維持孩子的免疫力。

　　此外，芥花籽油和大豆油則含有維他命 K，維他命 K 可以幫助骨骼成長，是骨骼發展不可或缺的元素之一。

好處 vs 壞處

　　油含有豐富營養，對於孩子成長有幫忙，但從另一角度看，

好處	壞處
• 油份可提供人體不能製造的必須脂肪酸，例如奧米加三脂肪酸，可以促進孩子腦部發育； • 能夠為人體提供足夠能量； • 油份有助孩子吸收脂溶性維他命，例如維他命 A、D、E 及 K，可以促進人體健康生長及發展，是生長不可或缺的元素之一。	• 攝取過多脂肪，可能會令身體攝取過多熱量，導致肥胖； • 攝取過多脂肪，會增加罹患慢性疾病的風險，例如心血管疾病及癌症； • 高脂肪的食物會造成孩子腸胃不適，例如腹瀉，所以建議適量食用。

吸收太多油份卻會影響身體健康。所以，食用油份之餘，也要注意份量。

每餐 1 至 2 茶匙

如前所述，孩子不可以不攝取油份，但亦不可以過量，否則影響健康。楊曉茵建議家長，2 歲以上的孩子，他們每天可食用 3 至 6 份油脂食物，即每餐約 1 至 2 茶匙油。

倘若孩子未能攝取足夠的油份，會減低吸收脂溶性維他命及類胡蘿蔔素，導致營養不良，情況嚴重的時候，他們的頭髮及皮膚會變得乾燥，其眼睛亦會變得乾澀，甚至出現夜盲症，並會影響骨骼及牙齒健康。

轉換不同的油

在眾多的油中，除了椰子油及棕櫚油的飽和脂肪含量高，不適合孩子食用外，其他大部份的植物油都含有豐富的不飽和脂肪酸。所以，建議家長可以不時轉換使用不同的油來下廚，有助攝取多元化的營養，例如橄欖油及芥花籽油。

天然不一定健康

既然油有助孩子成長，只要適量攝取便沒有大礙。那麼如果從天然的食物中，例如豬油或肥豬肉中攝取油份，又會否更加有

肥肉雖然天然，但含大量飽和脂肪，絕不健康。

營養？楊曉茵説，其實天然的食物不一定健康。她説除了魚類外，動物性脂肪，即豬油、雞皮、肥肉、全脂奶及牛油等，含有大量飽和脂肪，會增加體內的壞膽固醇，提升罹患心臟病的風險。

世界衛生組織建議，大家每天攝取飽和脂肪應不多於總熱量的 10%。因此，不宜過量食用這類動物性脂肪，反而可適量食用含較健康脂肪的魚類、植物油或果仁，可以確保心血管健康。

飲食多元化

油雖然對孩子成長發育有幫忙，但家長為孩子下廚時，千萬別側重某類食物或某種烹煮方法，必須要多元化，孩子才能健康成長。楊曉茵説，對於 1 歲或以上的孩子來説，日常飲食應營養均衡及多元化，不應以奶為主。除奶以外，孩子需要進食適量的肉類、魚類、蛋類、豆類及奶類等高鐵及鈣質豐富的食物，並應多吃含豐富維他命和膳食纖維的食物，例如瓜菜及水果，這些食物有助孩子健康發育成長及維持免疫力。

在他們開始加固時，家長可以逐步加入新的食物，例如米湖、蔬菜蓉，讓孩子早點接觸及嘗試，可以減少他們出現偏食的問題。在煮食方面，建議每餐用 1 至 2 茶匙油，或採用較健康的烹煮方法，例如蒸、白灼、烤等，亦可以選用易潔鑊來煮食，盡量避免煎炸食物。當選購包裝食物時，亦可以留意及比較同類食物的營養標籤，選擇較低脂，尤其是飽和及反式脂肪的食物。

Part 3
飲食難題

對於小朋友的飲食，父母一定會遇到不少難題，
例如小朋友偏食、無胃口、孩子過肥過瘦、
甚至孩子可否茹素等，都令父母頭痛。
本章選錄了十多個孩子飲食問題，
請來營養專家、醫生為你一一解惑。

營養不良

影響孩子發育？

專家顧問：黃倩雅 / 註冊營養師

　　大家可能以為現今社會豐衣足食，小朋友理應能吸收足夠營養，但原來時至今日，仍然出現小朋友營養不良的問題，究其原因是小朋友進食太多含糖份及高脂的食物。營養不良會影響小朋友發育，令他們免疫力下降，對其成長有莫大影響。

進食太多零食，影響吸收營養。

注意鐵質、碘質吸收

小朋友能否正常成長發育，有賴吸收各種營養素來幫助生長。營養師黃倩雅表示，零至 3 歲這階段的小朋友，他們成長過程除了必須吸收主要提供能量的宏量營養素，包括五穀、蛋白質及油脂外，還需額外注意鐵質、碘質、DHA 和維他命 A 的攝取。

小朋友在 6 個月大後，所需的鐵質較初生時多，每天建議攝取 9 至 10 毫克。碘質是神經系統發展的必要元素，每天建議攝取 90 至 115 毫克。而 DHA 則有助小朋友的神經系統發展，每天建議攝取 500 至 700 毫克。在引進固體食物期間，由於嬰兒的飲奶量減少，嬰兒身體內的維他命 A 儲備便會迅速下降。因此，建議 6 個月大至 3 歲的小朋友每天攝取 310 至 350 微克的維他命 A。黃倩雅表示，當小朋友缺乏了鐵質、碘質、DHA 和維他命 A 時，他們容易出現缺鐵性貧血、容易疲倦和抵抗力下降，其智力及發育也會遲緩，以及影響皮膚的健康。

進食太多零食所致

雖然現在大家衣食充足，但小朋友仍然會出現營養不良的情

營養不良的小朋友會常感疲倦。

況。黃倩雅表示，營養不良包含了營養不足與營養過剩。豐衣足食指進食的份量較多和充足，但不等於營養價值同樣多。她舉例說，如在加工、油炸和高脂食物中，脂肪含量較多，蛋白質含量其實相對較少。另一方面，進食高糖分的食物或飲品，如中西糕點、甜品、雪糕和汽水，攝取了大量游離糖時，與全穀類澱粉相比卻缺乏了維他命 B 雜和纖維。

消費者委員會和食物安全中心於 2015 年的一項調查中顯示，某些本地食肆的兒童餐的飽和脂肪、糖和鈉含量多於兒童每天建議的攝取上限，甚至超出達 6 倍。另一方面，2010 年的美國飲食協會雜誌也提到，來自添加糖和固體脂肪的空熱量佔 2 至 18 歲兒童和青少年每日總熱量攝取的 40%。可見進食份量足夠時，當中攝取的營養素質素未必同樣足夠和良好。

易倦易怒

黃倩雅表示，當小朋友出現營養不良時，會出現以下 3 種徵狀：

❶ 營養不良的小朋友有機會會生長緩慢，沒有以預期的速度增長或增加體重；

❷ 行為改變，例如異常易怒、緩慢或焦慮，或者精力不足；

❸ 比其他孩子更容易疲倦。

尤其缺乏維他命 A、C、D

黃倩雅說出現營養不良的小朋友，他們特別需要關注維他命 A、C 和 D，以及碘質和鐵質的攝取是否充足。當小朋友缺乏充足的能量和營養素時，有機會出現以下 2 種問題，包括導致發育遲緩和影響荷爾蒙的正常運作；而未能攝取足夠的維他命和礦物質如維他命 B 雜和鐵時，也有機會影響新陳代謝和免疫系統的健康。

以身作則

想改善小朋友營養不良的問題，黃倩雅建議，首先最重要是家長以身作則，由自身實踐均衡飲食，小朋友自然會效法，進食不同食物，從中吸收各種營養。此外，家長可盡早在小朋友的飲食中逐漸少量添加新食物，以引入各樣的食物和口味。同時於他們吃一種新食物時，可以給予讚美，來幫助減少孩子出現偏食的情況。若小朋友未能於正餐時進食足夠的食物供身體所需，也可在正餐之間安排份量較少的茶點。

黃倩雅補充，在安排均衡的飲食時，家長可提供充足的澱粉類食物，如麵包、飯、麵食、薯仔，以及一些高蛋白質的食物來源，如肉、魚、蛋和豆類，再提供不同類型的水果和蔬菜，以及一些牛奶和奶製品，這樣小朋友便能得到均衡及充足的營養素。

要服營養補充品嗎？

很多家長會擔心小朋友營養不良，而想給他們服用營養補充品。黃倩雅表示，當家長嘗試調整小朋友的飲食後，營養不良的情況仍然未能有效改善，可考慮先諮詢醫護人員的意見，以提供高能量和蛋白質營養補充劑，或維他命和礦物質補充劑，幫助小朋友改善問題。不過，她提醒家長，由於營養補充劑有機會含有高量的營養素，攝取過量會對身體有害，所以，應先諮詢醫護人員意見，才讓小朋友服用。

參考衛生署衛生防護中心的建議，過份依賴這類型產品會減少幼兒嘗試進食某種食物的機會，有礙他們培養正面的飲食習慣。因此，長遠還是建議從飲食及生活習慣中作調整，才可持續地改善小朋友營養不良的情況。

幼兒偏食
如何改善？

專家顧問：劉立儀 / 註冊營養師

　　幼兒踏入 1 歲後，開始識行識走，並有自己的認知能力。他們對身處世界充滿好奇之餘，也開始懂得對一些自己抗拒或不舒服的要求或指令 say no，而偏食、進食緩慢是當中的常見例子。如何改善子女偏食這個普遍令家長都頭痛的問題呢？以下就讓資深註冊營養師分享如何幫助幼兒建立良好的飲食習慣吧！

飲食發展里程碑

營養師劉立儀表示，幼兒在 1 至 2 歲期間，是他們的飲食發展里程碑。原因是幼兒會對這個世界充滿好奇，開始探索不同事物。1 歲前，由於幼兒的牙齒和口部肌肉剛開始發展，吞嚥能力有限，故家長多給予流質食物如粥仔等是無可厚非；然而 1 歲後，幼兒的吞嚥能力有所提升之餘，也會觀察和模仿身邊人的行為，當中包括大人的飲食習慣。因此，家長在安排子女飲食方面開始要多花心思，讓其進食大人吃的東西。若發現幼兒出現進食緩慢，甚至拒吃的行為，家長應多留意背後的原因。

食得慢或拒食有因

當然，幼兒進食緩慢或拒吃背後會有不同原因，最主要的原因是家長或餵食者過份視食量為指標。普遍家長皆渴望幼兒能吃完指定份量的食物，而非按幼兒的胃口和需要進食。但幼兒胃部細小，當大人安排餵食的份量超過他們所能應付時，進食緩慢或拒吃就會出現。家長寧願一開始將食物的份量減低，待幼兒感到份量不足時再添加也不遲。其實一般幼兒進食的時間應維持在 30 至 45 分鐘內。另外，飲食選擇乏味也是幼兒拒吃的原因。家長在飲食安排要多加變化，例如間中以意粉代替飯，或麥皮和粥等作交替。

劉立儀指出，父母或祖母等餵食者仍餵碎飯及餵奶過多，會令幼兒懶於咀嚼，令其咀嚼能力和動機減弱。長輩過於緊張，務求孫兒吃完他們指定份量，當他們未能應付，並且不是發自內心

個案分享

註冊營養師劉立儀分享了一個偏食的個案，個案中的幼兒約 1 歲半經常拒絕進食，而這名幼兒有以下的飲食背景：
- 父母或餵食者仍餵碎飯
- 餵食份量多
- 幼兒吃的東西與大人有很大分別
- 吃飯時不專心，四處走動
- 餵奶份量過多，歲半幼兒宜每天飲用杯半至兩杯，但這名幼兒飲用份量是三杯

去愉快進食，自然缺乏動力自我進食。經過劉立儀的糾正下，家人減低了這名幼兒正餐及餵奶的份量，並建立起一家人一同進食及進食同類食物的習慣，現在該名幼兒的偏食行為已開始有所改善。

幼兒飲食 6 大目標

家長應理解幼兒的飲食發展里程碑，他們食得慢及抗拒飲食背後的成因後，宜為幼兒建立不同的飲食目標，從幼兒時期建立良好的飲食習慣和態度。以下是註冊營養師劉立儀提供的幼兒飲食 6 大目標：

1. 接受不同食物

幼兒在 1 至 2 歲時期，會對不同食物有所偏好。如家長已顧及幼兒食量而他們仍然拒食時，家長不要輕易放棄，只要他們肯進食第一口就可以了。家長要明白幼童會模仿家長的飲食口味和習慣，只是部份小朋友會比較慢熱而抗拒進食某些食物，如麵食或蔬菜等。家長應維持每餐都安排不同種類的食物，助幼兒建立對食物的熟識感。幼兒在潛移默化下始終會進食。

2. 一家人齊齊進食

家長本身也要建立自己良好的飲食態度，並讓幼兒跟他們一同進食，在愉快的家人相處時光中，建立「進食是樂事」的感覺。因此，當幼兒有能力進食固體食物時，最好是一家人共同晉餐，而非由父母或照顧者分開餵食。當幼兒看到爸媽自我餵食及飲食口味時，會加以模仿和接納，對他們接受不同食物及自我餵食方面很有幫助。

3. 建立進食家規

一家人進食固然十分重要，可是單單如此是不足夠的。家長要為幼兒訂立「進食家規」。他們除了要控制幼兒的飲食時間外，也要規定幼兒必須全程安坐座椅上進食。進食時也不應被其他東西分心，例如電視節目等。

4. 鼓勵自我餵食

幼兒在 1 至 2 歲期間是訓練自我餵食的好機會，第一步當然要令幼兒「坐定定」。所謂「工欲善其事」，一張高度合適的嬰兒餐椅和食具均十分重要。幼兒順利進食有 2 大基本原則：

一家人在愉快的氣氛下進食，令幼兒覺得進食是件樂事。

❶ 順利用匙撈起食物

❷ 成功將食物放在口中

　　因此，一個合適的匙羹對幼兒成功進食與否也是十分重要。一個具備足夠弧度及深度的茶匙，配合食物的形態，例如吃通粉應用弧度較深的闊鐵羹，讓幼兒獲取成功進食的經驗。其實在幼兒能自我餵食前，家長要輕鬆地餵食，讓其多感受餵食是件樂事。

5. 鼓勵幼兒多作嘗試

　　有家長擔心 1 至 2 歲幼兒未有足夠的咀嚼能力，不能吃質地偏硬的食物；其實只要食物質地不要太硬，幼兒一般也能進食。家長過份擔心幼兒力有不逮，甚至維持安排流質食物或將食物分成小塊，反而錯過訓練其咀嚼能力及鍛煉口肌的機會，對他們將來的進食及語言能力發展均受到影響。另一方面，即使幼兒最初未能完全掌握自我餵食，甚至吃到「周圍都係」，家長也不要灰心和介意，要記得進食應該是樂事，並鼓勵幼兒多嘗試，他們會感到更快樂，提升成功進食的機會。

6. 家長要以身作則

　　幼兒在 1 歲後開始建立起認知能力，他們無時無刻在觀察父母的行為並作模仿，因此父母要以身作則。如果父母本身「大魚大肉」，就難以建立培養幼兒健康飲食的榜樣。又例如父母在進食時高談闊論，幼兒看在眼內也難以學習專心進食。

孩子無胃口
點算好？

專家顧問：李杏榆 / 註冊營養師

　　小朋友食得瞓得，健康成長，爸媽就會安心。一旦發覺孩子沒胃口吃東西，就會擔心他們吃得少，沒有吸收足夠的營養所需。為何小朋友會出現沒胃口、食慾不振的情況呢？且聽聽專家拆解方法，讓子女做個有營寶寶。

身體不適。

喝過多水。

逐日試不同顏色食物

寶寶在零至半歲的階段，主要是以母乳或奶粉餵哺，直至半歲後逐步加固。香港營養師學會（HKNS）認可營養師李杏榆表示，小朋友在 6 個月大時可嘗試少許有顏色的食物，正餐都是吃奶為主。以李杏榆本身有三個孩子為例，她會請家傭幫忙編製一個時間表，一星期七天，第一天可能是紅菜頭蓉；第二天則是香蕉蓉，如此類推。

「每天給孩子試吃不同顏色的食物有好處，第一，小朋友可以吸收不同的營養；第二，可讓他們嘗試不同食物的質感。到 9 個月至 1 歲時就可以給孩子一些糊餐或爛飯，這時候可留意寶寶有否腸胃欠佳的情況出現，便便是否暢通，有否敏感的情況等。待小朋友越吃越多後，就要留意他們是否出牙仔，因為出牙仔時，他們又未必想吃太過流質的食物，會想吃些有咬口的東西。」

不願進食 8 大原因

初步了解餵哺孩子的進程，家長有時候或會發現，小朋友偶

花點心思令寶寶開胃

李杏榆提醒家長，如果孩子偶爾不喜歡進食某一款食物，千萬別操之過急強迫孩子，不要因此影響親子關係，可以選擇其他顏色及營養價值相近的食物來代替，給小朋友進食。例如若小朋友不喜歡吃西蘭花，可以白菜、菜心來代替。如果小朋友抗拒吃紅蘿蔔，可以用南瓜來代替。另外，如果小朋友不喜歡吃蕃茄，則可以紅菜頭來代替。

有些小朋友不喜歡麵包味道較淡，媽媽可以在麵包上塗點蜜糖，甚至可以利用蜜糖在麵包上畫圖案及寫字，增加視覺上的吸引力。此外，為小朋友預備一些美觀的餐具，同樣可以吸引孩子進食。有時候家長為了吸引孩子進食，會花心思製作一些精美的食物，但李杏榆提醒家長，避免為了增加美觀而使用一些沒營養價值的食物，如火腿、腸仔、蟹柳等食材。

有出現沒胃口、食慾不振的情況，擔心小朋友吃得少，不能攝取足夠的營養，Annie 提醒爸媽，這時候要先了解箇中的原因：

1. 身體不適

如果孩子身體不適，又或是生病了，自然會影響胃口，不想進食，爸媽要多留意孩子的身體變化。如果是因為生病令小朋友沒有胃口，就要盡快就醫。

2. 運動量是否足夠

如果小朋友的運動量不足夠，這樣便釋放不到能量，在沒有消耗的情況下，小朋友自然不想吃東西，從而影響他們的胃口。

3. 喝過多水

李杏榆表示，給孩子補充足夠的水份是應當的，但要留意切忌過多。喝太多水，也會令孩子不想進食。「小朋友的胃很細，喝太多流質飲品時，他們的消化慾也減少。因為口水、胃酸都是準備幫他們消化，若這些都稀釋了便可能令他們不想吃東西，未必是他們不肚餓，而是喝得太多液體。」

4. 喝過多飲品

除了飲水之外，有時候家長會給孩子喝其他飲品，例如果汁、紙包飲品等，這些東西含有糖份，已經補充了孩子的一些能量，因而令他們更加不想吃東西。

5. 環境因素

有時候環境因素也會影響小朋友的胃口，例如天氣太熱，無論大人和小朋友都只想喝東西，根本不想進食，這時候也會影響他們的食慾。

6. 成長階段轉變

爸媽要留意孩子成長階段的變化，例如小朋友到了出牙仔階段，人會顯得較煩燥，容易發脾氣，他們也會沒心機進食。此外，當孩子大約 4、5 歲時，開始跟大人同檯食飯，未必跟得上大人的口味，因而出現偏食的情況，這時候小朋友也會吃得少。

7. 食物喜好

如果食物不對孩子的口味，他們自然也不想吃。不妨留意食物對小朋友來説是否太濃味、口感過硬等，如果因為這個原因，媽媽不妨在煮食方面作出調整。

小朋友不喜歡某種食物，不妨用其他顏色及營養價值相近的食物來代替。

8. 吃太多零食

　　如果平日給小朋友吃太多零食，尤其是在正餐之前，也會影響他們的胃口，媽媽不妨多加注意，尤其在正餐前盡量避免給小朋友進食太多零食。

有趣小分享

　　了解過孩子不想進食的原因後，如果是因為身體不適，則需要作出治理。平日媽媽可以在預備食物方面花點心思，有助寶寶開胃。談到偏食，李杏榆分享女兒一件有趣事情，一向肯食西蘭花的大女兒突然不吃，多問她幾次甚至會發脾氣。了解過後，原來是平日女兒到公園玩耍時會見到一些南亞裔家長和小朋友，她覺得西蘭花就像他們鬈鬆的頭髮，因此不想進食。媽媽不妨多了解孩子不肯進食的原因，不用過份擔心和強迫，花點心思增加孩子食慾便可。

慢性食物過敏
防不勝防？

專家顧問：莫國榮 / 兒科專科醫生

　　大部份媽媽都知道食物過敏會令寶寶腹瀉、嘔吐、出疹或氣促等，但其實這些都是急性食物過敏的徵狀。事實上，還有一種問題較輕微的慢性食物過敏，很多媽媽都沒有察覺，可謂防不勝防。

透過測試確診

急性食物過敏在進食後不久便會發病，雖然影響較為嚴重，但卻能較容易確定致敏食物的種類，以便日後作出預防。反之，慢性食物過敏的症狀相對較輕微，還需要長時間進食才會發病，所以媽媽較難確定致敏食物，只有讓寶寶進行過敏測試才能找出「元凶」：

1. 皮膚測試

這種是最常見的過敏測試方法，原理是直接在皮膚表面刺入各種物質，然後觀察皮膚的反應而找出致敏原；可是，這種測試只能針對八至十種懷疑物質，故測試範圍有限。而且，結果只會透過皮膚反應作出判斷，而非直接測試白血球中的抗體，故靈敏度不高；再加上，慢性食物過敏有機會因持續出現而令皮膚的抗體增加，皮膚亦未必會出現相關的徵狀，所以測試結果並非百分百完全準確。

2. 驗血測試

此測試會利用血液中的抗體，測試出對各種物質的反應，所以靈敏度及準確度較高；而且，每次可以測試數十種物質，故用途比較廣泛。不過，由於其間只能測試出血液中的抗體，而非白血球的反應，所以亦有一定程度的限制。

3. 食物測試

由於慢性食物過敏的危險性相對較低，因此媽媽可以透過直接讓寶寶嘗試各種食物去找出致敏原。方法是每天讓寶寶嘗試少

食物過敏定義

當食物中的某些成份（如最常見的是某類蛋白質），被免疫系統誤以為是外來的有害物質時，白血球便會產生出一些異常的抗體，並引致過敏反應，如嘔吐、腹瀉、出紅疹或呼吸困難等身體不適。

而以上提到的不適要是經過上述程序而產生出來的，才算是過敏反應。由於有些情況即使在進食後同樣會出現腹瀉，但若非體內的抗體異常所造成，則純粹是一般的腸胃不適。以乳糖不耐症為例，其成因純粹是腸胃不能消化乳糖，故會透過腹瀉把這些成份排出體外，所以不會被歸類為食物過敏。

Amata Nakorn Industrial Estate Thailand
Tel. +662-2676287

KOALA'S MARCH CHOCOLATE
(BISCUITS WITH CHOCOLATE FILLING) (LOTTE®)
INGREDIENTS: Milk chocolate compound (60.70%)[hydrogenated and fractionated of palm oil, sugar, lactose, cocoa liquor, cocoa powder, skim milk powder, Emulsifier (322)from soy, artificial vanilla flavor], wheat flour, corn starch, vegetable oil, sugar, egg, invert sugar, raising agent(503,500),salt, color(150d)

Contains: milk, egg, wheat,soy
May contain Peanut and tree nut residues

Manufacturing date and Best before date (Please find on package DDMMYYYY) Net wt. 195g
Manufactured by THAI LOTTE CO., LTD 700/830
Amata Nakorn Industrial Estate Thailand
Tel. +662-2676287

Importer name: Ettason Pty.Ltd
2A Birmingham Ave,Villawood NSW 2163 Australia

Condition: Please keep in cool dry place, avoid direct sunlight and high temperature

慢性食物過敏的致敏食物一般只有兩至三種。

揀選食物時，媽媽必須留意成份標籤，以免寶寶誤食會致敏的食物。

量懷疑致敏的食物，如 1/10 粒花生，並持續進食一星期。其間，媽媽要留意寶寶有否出現過敏徵狀，若經過一星期後都沒有特別反應，便可以慢慢增加份量至 1/5 粒，同樣地持續進食一星期。測試的份量必須逐漸遞增，直至正常食用份量的一半，若寶寶仍然沒有任何過敏反應，便已經可以確定他們對該種食物沒有過敏。

反之，如果寶寶在期間出現過敏徵狀的話，媽媽可以先讓他們停食一個星期，然後再進食一個星期，此循環要一直持續兩至三次。如果寶寶在每次的進食日子均出現過敏徵狀，而在停食的時候則沒有出現的話，便可以確定此為致敏的食物。

以上三種測試中，雖然以食物測試的方法最為準確，但要花較長的時間，並且每次只可以測試一種食物。可幸是，慢性食物過敏的致敏食物一般只有兩至三種，並且甚少會超過十種，所以媽媽可以從一些最容易致敏的食材作嘗試，如奶類、花生、果仁、豆類，貝殼類及芝麻等。

留心食物包裝

基本上，當媽媽找出致敏食物後，只要避免讓寶寶接觸，便不會對他們的健康造成影響。因此，媽媽平日為寶寶揀選食物時，必須小心留意食物的成份及標籤。

急性食物過敏 vs 慢性食物過敏

如要進一步確定寶寶有否慢性食物過敏，媽媽必須先了解「急性」及「慢性」之間的分別：

	急性食物過敏	慢性食物過敏
病發成因	因進食致敏食物令身體產生異常抗體，並引發一連串的過敏反應。	
常見月齡	• 任何月齡都有機會發生，但因寶寶在 6 個月後才開始進食固體食物，所以過敏問題較常在這個月齡後出現。 • 寶寶在 6 個月大前，主糧只有母乳或奶粉，如在此時出現食物過敏，致敏原多為奶類當中的牛奶蛋白。 • 若媽媽是餵哺母乳的話，有機會在進食某些食物後，透過母乳令寶寶產生過敏，但此情況較為罕見。	
典型徵狀	1. **腹瀉** 2. **嘔吐** 3. **呼吸系統異常**：如氣促及呼吸困難等 4. **眼睛及嘴巴腫脹** 5. **急性蕁麻疹 (風癩)**：即是一般的蕁麻疹，只有在進食致敏食物後，才會短暫出現；縱使沒有求醫或服用藥物，只要停止進食該食物便會消失。	1. **作嘔或嘔吐** 2. **腹痛** 3. **輕微腹瀉** 4. **聲沙** 5. **頭痛** 6. **輕微咳嗽**：因為過敏會令氣管收窄並影響呼吸，故有輕微咳嗽的情況，但不會引致氣促或呼吸困難。 7. **慢性蕁麻疹**：問題會長期出現，並且出現於身體的不同部位，需要徹底停止食用致敏食物才會消失。
健康影響	病情有可能非常嚴重，甚至對寶寶的生命造成威脅。然而，由於致敏徵狀多會即時出現且極為明顯，即使媽媽不確定寶寶是否食物過敏，也會很快發現異樣並求醫，還會停止食用可疑的食物，所以較少會對健康造成長期的影響。	由於病情比較輕微且不明顯，即使出現腹瀉也未必會阻礙寶寶的體重增長，而且相關徵狀可能要長時間進食才會出現，所以很多媽媽都會誤以為寶寶只是普通的腸胃不適或是腸胃先天較弱，對該問題的警覺性會較低，甚至繼續讓寶寶進食致敏食物也不知道，繼而引發長期的腹瀉。 事實上，即使寶寶只是輕微的腹瀉，亦有機會影響身體對其他食物的吸收，並造成營養不良及阻礙其發育。而且，還有可能導致寶寶的大便出血，繼而引發腸炎、胃炎或食道炎。同時，寶寶也會有聲沙、頭痛等問題，或會影響其日常生活及學習。

過胖過瘦
一樣不健康？

專家顧問：黃翠萍 / 註冊營養師

　　在家長眼中孩子越肥越可愛，但事實上體重超標，對於孩子的健康長遠會帶來影響，如提早出現高血壓、心臟病、糖尿病、退化性關節炎等。至於過瘦的孩子同樣會出現健康問題，有機會影響智力發展和免疫力。因此，家長必須給予孩子均衡及適量的營養，同時配合適量的運動，才可以讓孩子擁有健康的體魄。

如何界定肥與瘦？

　　註冊營養師黃翠萍表示，家長可以參考身體體重百分數位圖，藉以了解自己的孩子的體重是否符合標準。她舉例說，假如男孩子身高為 103 厘米，身高體重百分位數高於 97 百分位數，身高體重中位數是 136%，而超過 120%，便屬於過胖。相反，同樣高度的男孩子，若果他的體重少過身高體重中位數的 80%，他便屬於過輕了。

過輕過重有原因

　　導致孩子過胖過瘦都有不同原因，值得家長關注：

❶ 過胖原因

- 吸收與輸出熱量不成正比，孩子吸收太多熱量，但輸出太少熱量
- 進食太多高熱量食物
- 進食太多碳水化合物、含糖份的食物
- 孩子缺乏運動，導致熱量輸出少

❷ 過輕原因

- 吸收熱量過少
- 嬰兒期母乳餵哺不足，又未能正確補充奶粉，導致營養不均
- 不良飲食習慣，餐前進食太多零食，影響進食正餐胃口，導致未能吸收足夠營養
- 孩子情緒受影響，如父母未能陪伴或父母婚姻出現問題，也會令孩子食慾下降
- 由於貧窮未能購買足夠的食物，令孩子未能吸收足夠的營養

對健康構成威脅

　　孩子過胖或過瘦都會對他們的健康帶來影響，甚至於當他們長大，其健康也會受影響，因此，不容忽視。

均衡飲食

　　不同食物有不同營養素，所以飲食要多元化，孩子在成長過程中，必須吸收均衡而全面的營養素，當中包括：

穀物：碳水化合物、蛋白質、維他命 B 雜 (不包括 B12)、鎂

肉類、海產、蛋：蛋白質、脂肪、膽固醇、鋅、鎂、維他命 B 雜和 B12

乾豆和豆類製品：蛋白質、碳水化合物、維他命 B 雜（不包括 B12)、鐵、鋅和膳食纖維

蔬菜：胡蘿蔔素、維他命 C、葉酸、膳食纖維和各種礦物質

奶品類：蛋白質、飽和脂肪、鈣、維他命 A 和維他命 B12

水果：維他命 C、膳食纖維、鉀、各種礦物質和葉酸

類型	影響
體重過重	<ul><li>6 歲前體重百分位在 97 以上，到青少年及成人階段體重過重的機會會增加</li><li>年幼時體重過重，將來會提早患上高血壓、高血糖、高血脂，甚至心血管等疾病</li><li>患糖尿病的機會增加</li><li>年幼時體重超標，由於體重會影響關節，令關節負荷過重，於兒童期未有明顯問題，但到成人期時，便有機會提早出現退化性關節炎</li></ul>
體重過輕	<ul><li>體重過輕會導致智力發展遲緩，學習受影響</li><li>令孩子生長緩慢，高度增長緩慢，較同齡孩子矮小</li><li>有證據顯示，體重不足的人較容易死亡</li><li>體重不足，受感染的機會亦會增加</li></ul>

成長重要元素

孩子在成長期間，需要攝取均衡的營養以維持生長，其中某些營養素對他們來説是非常重要的。

❶ **鐵質**：在嬰兒尚未出生時，母親已經輸送鐵質給他。出生後嬰兒可以從母乳中吸收鐵質，但不足夠。所以，當他們踏入加固期，便從其他食物中吸收鐵質。缺乏鐵質會影響中樞神經及智力，甚至行為也受影響。

食物來源：蛋黃殼、加鐵米糊、綠葉蔬菜、肉、魚

❷ **鈣質**：母乳能夠為嬰兒提供足夠的鈣質，只要母親有足夠的母乳提供便可以，當嬰兒踏入加固期，必須吸收足夠的鈣質，以維持骨骼及牙齒生長。

食物來源：奶、乳酪、加鈣米奶或豆奶

❸ **維他命 D**：母乳未必能提供足夠的維他命 D，維他命 D 主要

家長千萬別在進食正餐前，給孩子進食零食。

來源自太陽。如果缺乏維他命 D，會影響鈣質吸收，最終會影響骨骼及牙齒生長。

食物來源：每天曬太陽 10 至 15 分鐘、鯖魚、蛋黃、三文魚、吞拿魚、紅肉

❹ 鋅：缺乏鋅會令成長遲緩，於母乳及配方奶粉也含有鋅。

食物來源：家禽、肝、豆；果仁、海產、蠔、全穀物

❺ 碘：是神經系統發展的必須元素，所以，孩子必須吸收足夠的碘。

食物來源：海產、魚、蝦、紫菜、牛肉、蛋黃

❻ 維他命 B12：缺乏了維他命 B12 會導致貧血。

食物來源：只有動物性食物才含有維他命 B12。如果如素的話，有機會導致維他命 B12 吸收不足，必須要額外補充。

❼ 蛋白質：對於整體生長及免疫系統發展都非常重要，如果是如素或屬於過敏性體質的，便有機會缺乏蛋白質。

食物來源：蛋、奶及其製品、肉類、魚、黃豆及其製品

❽ DHA：有助早期大腦及視力發展，吸收足夠 DHA 對於學習及行為都有幫助。

食物來源：母乳有必須脂肪酸，包括 alpha 亞麻酸及亞油酸。

Alpha 亞麻酸會轉化為 DHA，為嬰兒提供足夠的 DHA。如果在餵哺母乳期間，媽咪進食含 DHA 豐富的食物如：沙甸魚、三文魚、吞拿魚，可為嬰兒提供更豐富 DHA。

保持正常體重方法

❶ 避免飲用高糖份飲品

嬰兒期避免飲用高糖份飲品，包括：葡萄糖水、果汁。當他們習慣飲用甜味飲品後，便不會再願意飲水。如果每日飲用不超過 120 毫升已稀釋的果汁，也可以的。

❷ 避免濃味食物

常吃濃味食物，會令身體吸收過多鈉，會增加患高血壓的風險。家長可以用葱、薑、蒜來調味，減少用汁液來拌飯，減少進食含鈉高的食物，如香腸、醃製食物，長期食用會影響腎臟功能。當孩子於 1 歲前習慣吃濃味食物，以後便會拒絕進食清淡的食物。

❸ 多嘗試不同種類食物

在加固期間給孩子嘗試進食不同的食物，增加他們的飲食經驗，即使他們對某種食物抗拒，也可以隔 1、2 星期再給他們嘗試，或可以將他們不喜歡的食物加入米糊中，給他們多作嘗試，才能吸收足夠營養。

❹ 3、4 小時一餐

家長每日為孩子提供足夠份量的三個正餐外，也要為孩子提供上午及下午茶點，每隔 3 至 4 小時一餐。

❺ 良好餵食環境

應先關上電視，並將玩具收起來，讓孩子能夠集中精神來進食，這樣孩子便不會只顧着玩耍而不願意進食。同時，每次進食都設定在固定位置，每次大家一起進食，營造良好的氣氛。過程中家長可以讚賞孩子，千萬別在進食時批評他們，這樣會影響食慾。

❻ 少吃零食

給孩子進食過多零食會影響食慾，家長亦要以身作則，不要進食太多零食，偶爾進食些少夾心餅、薯片也可以，千萬別以零食來安撫孩子情緒或作獎勵。

催谷飲食

寶寶會癡肥？

專家顧問：陳達 / 兒科專科醫生

　　現今社會物質豐富，父母、長輩對寶寶疼愛有加，很着緊他們的健康，如發現其體重稍輕，便會大力催谷，有時或會讓他們吸收過量的營養素。當寶寶日漸長大，有自己選擇愛吃甚麼的能力時，就有可能會出現偏食，以上各種原因都有機會引致寶寶超重或癡肥。

點先叫超重？

寶寶是否超重並不是單看數字去決定的，而應該根據生長圖表去作比較。生長圖表乃結集不同寶寶的體重、頭圍和身高等數據計算而成，可以此衡量他們發育正常與否；一般而言，寶寶一直處於圖表 50% 之範圍是最好的。但若寶寶一出世就比別的寶寶重，處於圖表的 80% 之範圍，卻一直保持着，並沒有太大升低，其實也證明其生長十分規律，父母不必太過擔心。不過若寶寶之前一直在圖表的 50% 的位置，卻突然間躍升到 80%，或一直處於圖表 97% 的危險位置，父母就要留意他們是否患上甚麼疾病。另外，超重、癡肥等情況也會為寶寶帶來種種健康問題，父母不應掉以輕心。

過量致肥

寶寶出現超重或癡肥，可能是其身體出現問題，比方腦部患病，會導致荷爾蒙失調，使它分泌過多激素；或受到甲狀腺影響，令身體肥大。不過，寶寶出現超重最普遍的原因是，父母的照顧方式出現問題，令他們飲食過量。父母要注意餵寶寶吃東西的方法，不要強迫他們吃太多食物，寶寶覺得飽的話，代表已經足夠。吸收過量的營養不單會增加寶寶超重或癡肥之機會，還有可能因腸胃忍受不了過多的養份，而導致腹瀉，對寶寶的身體可謂有害無益，父母需要小心處理。

後果嚴重

除了短期不適，超重引起的長期問題亦不少。雖然暫時沒有研究數據顯示，過重會對寶寶的智力造成影響，但無疑他們的身體會較普通人不健康，更有機會患上早期兒童糖尿病。患者會較易患有各種感染，尤其是呼吸道及皮膚感染；假若不幸地，寶寶血糖長期控制不好，也會因而患上白內障；荷爾蒙失衡則會影響寶寶日常生活及情緒，後果十分嚴重。

另外，因過重會令寶寶身形變得龐大而不平衡，使步行更加麻煩；而肢體肥大、皮膚多褶亦會使寶寶活動困難、行動力下降，手腳「論盡」，不單是運動，甚至學習方面也會較其他人慢。同時，因肥胖，他們皮膚褶隙較多，得皮膚問題的風險也較一般寶寶高：在炎熱時，自然較容易出汗；若汗水藏匿這些皮膚褶隙，不能及

想寶寶不超重或癡肥，父母最好從他們的日常飲食入手。

時抹走，或引起皮膚病。如寶寶忍不住抓癢的話，更可能弄傷，甚至受細菌感染。

多食高纖

當發現寶寶有超重或癡肥的跡象時，父母就要根據他們癡肥的原因，對症下藥為他們治療。若是因為他們平日吃得太多的話，便需好好控制其飲食，少食甜膩及高熱量的食品，比方蛋糕、汽水等，多吃水果、蔬菜等高纖維的營養食物。如寶寶暫未能進食固體食物，單是餵哺他們正常份量的母乳亦已有足夠營養；若是食用配方奶粉的寶寶，父母只要按奶粉罐上的指示進食便行，不用怕營養不足，過量飲用。但是，假如是因患病而導致癡肥，就需要靠藥物解決；嚴重情況下，更要做手術處理。

有問題睇醫生

如前文所言，寶寶超重或癡肥可能有不同的原因，若父母發現寶寶的生長圖表數字暴增，最好就立即請教醫生，因為他們有可能是患上某些隱性疾病，不能掉以輕心。如癡肥的寶寶最近多飲食、多小便，但易肚餓，又有體重減輕、疲乏無力和欠缺精神等症狀，父母要特別小心，這些都是早期兒童糖尿病的徵兆，發現後必須及早看醫生，以防病情惡化或身體其他部份受到感染。為令寶寶不會超重或癡肥，父母最好從他們的日常飲食入手，不妨參考以下金字塔，好好安排寶寶每天所吃的食物種類，他們才能健康成長。

健康飲食金字塔

奶類所指的是一切奶製品,包括鮮奶、豆奶和芝士等。一般來説,6個月以下的寶寶雖然或未能進食固體食物,但只要餵哺母乳亦已有足夠營養。他們再大點時,需要添加副食品後,媽媽就可考慮給寶寶補充奶類。當中牛奶的鈣含量最高,蛋白質也是其他奶的兩倍;但患有乳糖不耐症的寶寶不能飲用,他們可改選豆奶,它亦含蛋白質和鈣,而且熱量低。

蔬菜有大量的食物纖維,可以幫助寶寶腸胃蠕動,令他們排便更為暢通;同時,它是維他命的重要來源,而不同色的蔬菜更有不同營養成份。

五穀根莖類是人類必需的主食,對寶寶的成長發育有重要的作用。當寶寶1歲大,母乳或奶粉只是日常飲食中的一部份,五穀根莖類這類食物也會成為他們的主食。不過,進食的份量因人而異,父母只要餵足夠的份量給寶寶就可以,強迫進食或會有反效果。

寶寶年紀尚小時,應讓他們吃食物的原味,盡量不要添加任何調味料。首先,因為寶寶腎臟功能還不完善,不能排出過量的鈉,攝入鹽過多,會增加腎臟負擔;而且,也會養成他們喜吃鹹食的習慣,不願接受淡味食物,長期下去會形成偏食,或增加成年後患高血壓的風險。其次,糖份缺乏其他營養素,攝入過多會對寶寶的健康產生壞影響,如蛀牙、養成偏食習慣等;若過多地攝入糖份,身體中多餘的糖會轉化成脂肪,寶寶會更易變胖。

這4類食物都含有蛋白質,而且不同豆類更有不同的營養素,如食物纖維、鈣等。而深海魚類就有Omega-3、DHA和EPA等營養素,DHA是大腦營養必不可少的高度不飽和脂肪酸,可以幫助寶寶腦部發育。

若寶寶本身已屬肥胖,父母就要注意,盡量不要讓他們吃一些果糖成份較高的水果。另外,父母也可就其需要,給他們吃各種水果:如要補充維他命A可吃芒果、木瓜等;維他命C可吃奇異果、柑橘類等;想促進新陳代謝可吃提子、西柚等;高纖低糖類則有櫻桃、士多啤梨等。

油糖鹽

奶類　蛋、豆、魚、肉類

蔬菜類　水果類

五穀根莖類

食物相沖
或引致腹瀉

專家顧問：張德儀 / 營養學家

　　中國人篤信命理，在命理相學中常提到相生相剋，但原來食物都有相生相剋的。有營養的食物也不能同時進食，何解？因為部份營養素之間會互相影響，同時吸收可能會影響營養素的功效，甚至引起疾病。當家長給孩子進食時，需要小心注意，不是所有有益有營養的食物，都可以同時進食的。

減低人體吸收

　　單一進食某種食物，在營養吸收方面並不會產生任何問題，但有些食物一起食用及過量攝取，便有機會產生相沖或抵銷作用，因為當中有一些抗營養素。抗營養素天然存在於動物和許多植物性食物中，會減低人體吸收或代謝主要營養素、維他命及礦物質。

抗營養素

　　現在列舉一些常見的抗營養素，讓家長多加了解，給孩子進食時，便可以避免出現問題。

1. 草酸

食物：多見於綠葉蔬菜及茶葉中，例如菠菜、青蔥、秋葵、紅菜頭、番薯、薯仔皮都含有較高草酸成份。

特性：草酸和鈣質結合，會形成不溶性的草酸鈣，不能被人體吸收，會影響吸收鈣質的能力。例如菠菜和豆腐，大量青蔥和豆腐。草酸在烹煮過程中會流失，所以煮過的綠葉蔬菜可以減低草酸含量，減低吸收鈣質的影響。

重點：進食正餐時有較高草酸成份的食物，不建議同時給幼兒飲含豐富鈣質的牛奶或奶粉。幼兒也有機會患上草酸鈣腎結石，所以要避免高草酸食物和高鈣食物一起進食。另外，幼兒過量服用維他命 C 營養補充品，也會增加草酸鈣腎結石的機會。

2. 植酸

食物：是一種很難消化的植物化合物，只存在於植物中，例如豆類、種子、全穀物、堅果。

特性：植酸會與礦物質結合成為很難分解的鹽，因此會影響礦物質的吸收，特別是鐵質，還有其他礦物質，包括鈣、鋅及鎂。茹素的幼兒主要的鐵質來源都是非血紅素鐵質，身體是較難吸收的，植酸也會影響非血紅素鐵質的吸收。

重點：幼兒若患有缺鐵性貧血，便應減少進食高植酸的食物。如果服用鐵質的營養補充品，也應避免與高植酸的食物一起進食。

3. 單寧

食物：屬於多酚類抗氧化物，存在於茶葉、豆類、可可豆、柿和提子。

特性：單寧非常容易氧化，與熱水或空氣接觸時，很容易變化成

單寧酸。

重點：單寧酸接觸蛋白質後會凝固，影響攝取蛋白質和鐵質，有機會導致胃脹氣、嘔吐、腹瀉和胃痛等腸胃問題。例如茶和蛋、柿和蟹肉、提子和蝦都不宜一起進食。熱朱古力飲品及提子等食物，可以作茶點進食。

4. 硫代葡萄糖苷

食物：是一種硫化合物，也是一種甲狀腺激素，存在於十字花科蔬菜中，例如西蘭花、椰菜花、椰菜、小椰菜、白菜、旺菜、西洋菜、芥菜、大青蘿蔔、火箭菜及羽衣甘藍。

特性：硫代葡萄糖苷有機會影響碘質的吸收。

重點：它會影響碘質吸收，引起甲狀腺的問題，幼兒如果有碘缺乏症或甲狀腺疾病，便應減少進食有關的食物。服用碘質的營養補充品也應避免與高硫代葡萄糖苷的食物一起進食。

5. 凝集素

食物：是一種碳水化合物結合蛋白，存在於豆類和全穀物中，例如豌豆、花生、大豆、大麥、藜麥及糙米。

特性：凝集素會黏附在消化道的細胞膜上。

重點：過量進食這些食物，有機會阻礙鈣、鐵、磷及鋅的吸收，增加患腸漏綜合症的機會，不過凝集素在烹煮過程中會因流失而減少。食素的幼兒要注意，他們攝取凝集素的機會比較高。進食正餐時不建議同時飲用牛奶及奶粉。

6. 蛋白酶抑制劑

食物：它廣泛存在於植物中，例如種子、穀物和豆類。

特性：蛋白酶抑制劑通過抑制蛋白消化酶來干擾蛋白質消化。

重點：由於蛋白酶抑制劑通過抑制蛋白消化酶來干擾蛋白質消化，因此，雞蛋和豆漿不宜一起進食。

7. 鈉質

食物：俗稱鹽，是必須的營養素。

特性：人體使用鈉來控制血壓和血容量，保持肌肉和神經正常運作。

重點：過量攝取鈉質，會增加鈣質在尿當中排出。所有加工食物，例如午餐肉、火腿、香腸都是高鈉質的食物，建議幼兒盡量避免進食。在家煮食盡量少鹽，避免使用醬汁、雞粉、濃湯寶、味精

豆類

西蘭花

等調味品。出外用膳時,食物如果醬汁太多,可用水沖洗食物才進食,購買包裝零食時,要小心閱讀食物標籤,注意食物含鈉的份量。

建議每天鈉攝取量	
年齡	**每天鈉攝取量**
0 至 1 歲	少於 1 克鹽 (0.4 克鈉)
1 至 3 歲	2 克鹽 (0.8 克鈉)
4 至 6 歲	3 克鹽 (1.2 克鈉)

食物相沖謬誤

以下這些食的相沖說法,尚未有研究報告或科學根據證實,大家食用時不必擔心。

X 蝦和維他命 C 一起進食時會引起砒霜中毒

X 芒果和牛奶一起進食時會中毒

X 雞蛋和香蕉一起進食會中毒

X 魚肉和牛奶一起進食皮膚會患白斑病

均衡飲食最重要

每天進食各種有營養的食物,避免在一餐中吃大量單一的食物,加上透過烹煮、加熱、浸泡、發芽及發酵,食物都可以減少抗營養素的含量,有助抵消由抗營養素對身體的影響。吃這些食物對健康的好處,遠超過潛在的負面影響。但是茹素和營養不良的幼兒,則更需要留意食物的配搭。

孩子茹素
有問題嗎？

專家顧問：黃蔚昕 / 澳洲註冊營養師

　　很多家長因為信仰、健康或是飲食習慣等原因，而戒吃肉類，轉為茹素，孩子亦因為父母茹素而跟隨。讓孩子茹素並沒有大問題，但家長要注意孩子是否能夠攝取足夠的營養，否則會影響他們成長發育，對孩子健康帶來影響。

五類素食

澳洲認可營養師黃蔚昕表示，素食並非只是不吃肉類這般簡單，當中也可以簡單分為五大素食類型：

❶ **全素或純素**：是指不含植物五辛 (蔥、蒜、韭、興蕖、蕎) 的純植物類食物。

❷ **蛋素**：是指進食全素或純素及蛋製品食物。

❸ **植物五辛素**：指食用植物性食物，但可含五辛或奶蛋。

❹ **奶素**：是指進食全素或純素及奶製品食物。

❺ **奶蛋素**：是指進食全素或純素及蛋、奶製品的食物。

需注意營養

有些家長會問讓孩子茹素，對他們健康是否會帶來影響？會否影響他們發育？營養師黃蔚昕表示，孩子在生長期需要特別的營養，以幫助他們身體發育，所以，她建議家長在計劃讓孩子茹素前，應該先注意整體上能否確保孩子攝取到足夠營養，如果家長有良好地計劃孩子的素食餐單，注意食物的種類和適當地配搭，當孩子透過素食，能夠攝取足夠和均衡的營養，讓他們茹素並沒有問題。

英國營養師協會早前發表了一份與孩子素食有關的報告，當中提到孩子可以從植物性食物獲取到身體發育所需的能量和蛋白質，但需要確保攝取足夠茹素飲食容易缺乏的營養素，例如奧米加 3 脂肪酸、鈣質、鐵質、鋅質及維他命 B12 等。所以，讓孩子茹素的家長，需要小心注意，避免影響孩子成長。

從素食中吸收營養

孩子在成長的過程中，需要獲取不同的營養素來幫助他們各方面發育，這些營養素除了可以在動物性食物中找到外，在植物性食物中亦可以吸收得到：

1. 蛋白質

植物中的蛋白質一般較動物中的含量低，而且大部份會缺少了某些人體必須氨基酸，所以又被稱為「不完整氨基酸」(incomplete protein)。只有少量植物性食物屬於「完整蛋白」(complete protein)，例如黃豆及藜麥，若攝取不足會影響生長及發育。

菠菜

堅果

營養來源：豆類、穀物、果仁和種子類食物，皆含豐富植物性蛋白質。

2. 奧米加 3 脂肪酸

對腦部神經功能發展和視力發展十分重要，在人體中 ALA（亞麻酸）可以被轉化成 EPA 及 DHA。

營養來源：植物性食物如亞麻籽、橄欖油、核桃、奇亞籽及芥花籽油。

3. 鈣質

鈣質對骨骼成長和牙齒發展十分重要，兒童時期的骨骼發展是一個累積的過程，攝取充足的鈣質，能夠增加孩子日後的骨質密度。

營養來源：幼兒主要從飲奶吸收鈣質，而全素飲食需要透過添加含鈣的植物奶，例如豆奶、米奶、杏仁奶等來攝取鈣質。但需要注意，除了豆漿的營養成份貼近牛奶外，其他植物奶的蛋白質含量較低，所以，要確保孩子能從其他食物吸收足夠的蛋白質，例如豆腐、西蘭花。

4. 鐵質

一般紅肉含豐富鐵質，紅肉的鐵質亦較植物的鐵質為人體所吸收。吸收足夠的鐵質，能夠預防孩子患上缺鐵性貧血。

營養來源：添加鐵質的米糊、菠菜、白菜、乾豆腐 (同時進食豐

B12 幫助腦部發展

為甚麼說維他命 B12 對孩子成長這麼重要？原因是維他命 B12 對於腦部發展有很大幫助，缺乏維他命 B12 會影響腦部發育。維他命 B12 對於孩子的腦部神經非常重要，倘若缺乏維他命 B12，有機會導致孩子出現發展遲緩，特別是從出生至 2、3 歲這段時間，更加需要這種維他命。所以，特別是茹素的家長及孩子，父母更需要注意孩子是否能獲取足夠維他命 B12，避免孩子缺乏維他命 B12，而影響其腦部發育。

富維他命 C 的蔬果，會有助鐵質吸收）。

5. 鋅質

協助製造新血細胞和神經系統健康發育的重要營養素，缺乏鋅質可導致生長遲緩，以及免疫功能較差。

營養來源：堅果種子、豆類及全穀食物。

6. 碘質

兒童成長和腦部發育必須要有足夠的碘質，缺乏碘質可引致甲狀腺激素不足，而甲狀腺激素對身體及大腦的生長和發育，都有重要的作用。

營養來源：每一至兩星期食用一次含豐富碘質的食物，例如紫菜。

7. 維他命 B12

對腦部發育尤其重要，倘若攝取不足，會影響神經系統的發育。

營養來源：可給孩子進食添加了維他命 B12 的奶粉或嬰兒食品穀物、營養補充劑。

小心調味

始終素食食品的味道較為清淡，孩子逐漸長大，他們的味蕾開始變化，家長可能會為了引起其食慾，而特意使用較重份量的調味料，使食物變得惹味，令孩子能夠食慾大增。但是營養師黃蔚昕提醒家長必須要小心，雖然味道濃郁能夠令孩子食慾增加，開懷大嚼，但是太多調味料會影響人體健康，家長應該從小培養孩子飲食的口味，盡量減少使用調味料的份量，讓孩子多吃食物的原味道，這樣對他們健康有保障。

茹素前徵詢醫生意見

為了孩子健康着想，家長在給孩子茹素前，要慎重考慮清楚給他們茹素的原因，如非因信仰或必須要的理由，家長可以先徵詢醫生意見，了解孩子的身體狀況是否適合茹素，始終孩子正值發育時期，缺乏營養對他們成長會帶來影響。茹素亦可以獲取足夠營養，但很多家長在對茹素一知半解的情況下，可能未必能為孩子提供足夠的營養，而影響他們的健康。

攝過多咖啡因
致專注力不足？

專家顧問：曾美慧 / 註冊營養師

　　坊間很多食物及飲品都含有咖啡因，例如朱古力、茶、可樂飲品等，都含有咖啡因的成份。咖啡因具有提神功效，若是孩子攝取過多咖啡因，會影響他們的專注力及睡眠，出現亢奮的症狀，家長必須注意孩子飲或食用含咖啡因飲品及食物的份量，避免影響他們的健康。

茶含有咖啡因，不宜給孩子飲用。　　孩子飲用可樂飲品後，家長觀察他們有沒有出現亢奮反應。

屬於化學物質

　　相信沒有人不曾聽過咖啡因這個名字，它存在於許多食物及飲品中，但究竟咖啡因是甚麼？營養師曾美慧表示，咖啡因屬於名為甲基黃嘌呤的化學物質，天然存在於咖啡豆、茶葉、可可豆、可樂樹的堅果及瓜拉拿藤 (Guarana) 等植物。這些原材料的製品如咖啡、茶、朱古力和可樂飲品，會含一定份量的咖啡因。

刺激中樞神經

　　含咖啡因食物及飲品非常可口，但食用時也需要注意。曾美慧表示，咖啡因能夠刺激人體的中樞神經系統，具有提神作用，攝取量越高，身體經尿液而失去的水份便越多，假如沒有額外補充水份的話，便有機會導致身體水份不足。一些習慣飲用咖啡的

含咖啡因飲 / 食品份量一覽

坊間許多食物及飲品均含咖啡因，現列舉給大家參考：

食 / 飲品類別	咖啡因含量 (毫克)
咖啡 (每罐 / 瓶 / 盒)	117
能量飲品 (每罐 / 瓶 / 盒)	36
可樂飲品 (每罐 / 瓶 / 盒)	36
茶 (每罐 / 瓶 / 盒)	28
70-85% 黑朱古力 (28 克)	22
朱古力飲品 (每罐 / 瓶 / 盒)	3

孩子少不免會進食朱古力，但不宜吃太多。

人士如果突然停止飲用，或會出現頭痛、疲勞、易怒，以及難以集中等脫癮症狀。

不建議吸收

雖然孩子較少機會飲用咖啡或能量飲品，但他們一定有機會進食或飲用朱古力及可樂飲品，這樣他們便會吸收咖啡因，究竟孩子是否適合吸收咖啡因？

根據衛生署的指引，並不建議兒童飲用咖啡、奶茶或茶類等咖啡因含量偏高的飲品。而可樂飲品、朱古力等含咖啡因的食品及飲品，亦不建議給孩子大量食用，因為人體的神經系統，包括大腦，在兒童時期會不斷發育及成熟，所以，孩子可能受咖啡因影響其行為，例如容易受刺激、暴躁、緊張或焦慮等，家長應該盡量避免給予孩子大量飲或食用含咖啡因的食物及飲品。

觀察反應

曾美慧提醒家長應盡量避免給孩子接觸咖啡、奶茶及其他茶

類飲品等含咖啡因的飲品。而牛奶朱古力的咖啡因含量較黑朱古力的咖啡因含量為低，家長可以限制孩子每日只可進食 1 至 2 小塊牛奶朱古力。

當家長給予孩子進食或飲用朱古力，或其他含咖啡因的食物及飲品後，可以觀察他們的反應，看看孩子會否出現亢奮、晚上難以入睡、睡得不安穩的狀況，如以上狀況出現 2 至 3 次，應該盡量避免給予孩子進食或飲用含咖啡因的食物及飲品。

專注力不足

雖然含咖啡因的食物及飲品美味可口，對孩子來說非常吸引，但始終咖啡因對他們成長健康會帶來影響，家長還是盡量減少孩子進食及飲用的份量。

讓孩子攝取太多咖啡因，會導致他們出現專注力不足的情況。此外，還會令孩子出現亢奮的症狀，長此下去，會影響他們學習能力及睡眠質素，睡眠質素受影響，自然對身體健康構成影響，亦會令他們學業成績下降。而咖啡因的利尿作用或會令孩子身體脫水，必須要注意。再者，咖啡因在腸道內會阻隔鈣質及鐵質吸收，孩子長期攝取過多咖啡因的話，或會導致他們鈣質及鐵質攝取不足，影響孩子的骨骼及牙齒發展，若孩子鐵質吸收不足的話，便會影響造血功能。在這樣的情況下，孩子有機會出現疲憊、頭暈、面色蒼白，以及免疫力下降等缺鐵性貧血的症狀，身體虛弱便容易患病。由此種種，家長必須要注意，別以為小小一塊朱古力或一杯茶對孩子無害，實際上可能已經超出他們一日可攝取咖啡因的份量，避免讓他們攝取過多咖啡因，而影響其健康發育。

根據體重計算

雖說不應給孩子攝取大量咖啡因，但對家長而言何謂大量？何謂適合？這便很難計算。根據加拿大衛生局的建議，12 歲或以下的兒童，每日不應攝取超過每公斤體重 2.5 毫克的咖啡因。以體重 15 公斤的孩子為例，每日咖啡因攝取上限為：

15 x 2.5 = 37.5 毫克，即不多於 1 罐可樂飲品。家長以此方法計算，便可知自己的孩子每日可攝取咖啡因的份量。

5 歲以下
易食物中毒？

專家顧問：周栢明 / 兒科專科醫生

　　炎炎夏日，食物及飲品很容易變壞，有些食物或飲品只要存放在室溫短短時間便已經變質。當孩子不慎吃了這些受細菌污染的食物，便很容易出現食物中毒的情況。他們會又屙又嘔，嚴重時可能會出現脫水。病情輕微的只要補充水份便可以，情況嚴重的有機會需要服用抗生素。

5 歲以下易感染

兒科專科醫生周栢明表示，5 歲以下的孩子較容易出現食物中毒，因為他們的免疫系統尚未成熟，胃酸不足，未能把腸胃內的病菌消滅。如果孩子是患有心臟病或腎病的，他們受感染的機會會較一般孩子為高。所以，如果家中有患這些疾病的孩子，家長需要更加注意。

作嘔腹瀉

為甚麼孩子會出現食物中毒？原因好簡單，主要是因為他們進食或飲用了受污染的食物或飲品，這些食物及飲品被細菌、病毒、寄生蟲污染，細菌產生毒素，將食物及飲品污染了。當孩子進食或飲用受污染的食物及飲品後，會出現以下症狀：

- 作嘔
- 嘔吐
- 腹瀉
- 肚痛
- 發燒
- 胃痛
- 感到疲倦
- 頭痛

發病可快可慢

當孩子進食或飲用受污染的食物及飲品後，他們發病的時間可快可慢。周醫生表示，發病時間快的話，可以在 30 分鐘後便發病。若發病慢的話，則可以在 2 日內，最主要視乎原因，各個病例也不同。

嚴重致缺水

周醫生指出，當孩子食物中毒，並出現又屙又嘔的情況時，在不停又屙又嘔的情況下，最嚴重及危險時可能他們會出現脫水。特別是孩子體形細小，更容易出現脫水，所以，當家長察覺孩子屙嘔厲害時，記得為他們補充水份，慎防孩子脫水。

補充水份已足夠

大部份食物中毒的孩子，由於情況並不是太嚴重，只要給他們補充水份便可以。但是有些患童嘔得厲害，即使給他們補充水份也沒有用，因為他們可能會把所補充的水也嘔出來，這時家長可以為他們補充電解質飲品，甚至需要讓患童吊鹽水來補充水份。

若是患童病情更加嚴重，醫生會因應情況需要，考慮給患童處方口服抗生素，當然醫生不會隨便處方有關藥物，會視乎情況及需要而定。

不要服止屙藥

當孩子食物中毒後，家長最重要給他們補充水份，千萬別給孩子飲牛奶，以及含咖啡因的飲品。家長可以較頻密但少量的方式給孩子補充水份，但是千萬別給孩子服用止屙藥，原因是希望孩子能夠盡快把體內的細菌排走，倘若服用止屙藥便不能令孩子體內的細菌排出體外，更難痊癒了。

留意症狀送院醫治

當患童出現以下症狀，代表他們的情況非常嚴重，已經出現脫水。家長如發覺孩子有以下症狀，並持續出現 12 小時，家長便需要立即將他們送院醫治：

- 孩子會出現口乾、嘴唇乾
- 感到口渴
- 眼球會出現凹陷
- 哭喊時沒有眼淚
- 很長一段時間沒有小便
- 嬰兒的腦囟會因為缺水而凹陷
- 出現持續發燒
- 嘔吐
- 大便有血

注意衞生 5 方法

避免孩子食物中毒，最重要是注意衞生，妥善處理食物，並注意個人衞生，便可以減低出現食物中毒的風險，必須注意以下 5 個方法：

1. 生熟食物分開存放

特別是夏天，細菌滋生得很快，家長不要以為把食物存放在雪櫃便沒有問題，也要注意生及熟的食物存放的位置。家長宜把生及熟的食物分開存放，熟的食物放在上層，生的食物放在下層，原因是避免生的食物流出來的血水滴在熟的食物上，污染熟的食物。

2. 注意有效日期

當購買食物及飲品時，要注意有效日期。有些容易變壞的飲品及食物，於夏季即使未到有效日期也有可能已變壞，例如牛奶

家長宜把生及熟的食物分開存放。   *食物一定要煮熟才可以進食。*   *自備小手帕，勿用公用毛巾。*

或豆腐，家長購買時要小心，購買後盡快把這類食物或飲品冷藏，減低受細菌污染及變壞的機會。

3. 食物要煮熟

夏季細菌多，家長必須把食物煮熟才可以給大家食用。大家很喜歡進食魚生、刺身等日式食物，家長必須揀選信譽良好的商店購買有關食物，回家後如不是立即食用，應盡快把它們冷藏起來，不過始終它們是未經煮熟的食物，還是盡量不要給孩子進食。

4. 勤洗手

相信經過疫情後，大家對於洗手的意識都增強了。謹記飯前、如廁後、接觸過口鼻、打噴嚏後、接觸過公用物件後，都要記得清潔雙手。如果不方便用清水及梘液清潔雙手，可以用酒精搓手液來清潔雙手。提醒孩子不要隨便接觸公眾物品，沾污雙手。

5. 自備手帕

為孩子每天準備一條乾淨的小手帕，當他們在校內進食完，便可以用手帕抹嘴，又或是如廁後，可以用手帕來抹已清潔的手。但需提醒孩子千萬別把手帕借給其他人使用，因為這是私人物品，不可以借給他人，確保衛生。

反式脂肪
吃了也不知？

專家顧問：高芷欣 / 註冊營養師

　　早前有報道稱有些零食含有反式脂肪，寶寶吃過量就會超標，影響健康。以下訪問了一些家長，並看看他們購買零食給寶寶時，是否有注意反式脂肪的成份問題。

Case 1：只吃有機零食

媽媽：韓太　　囝囝：韓錦燊 (2 歲)

「我有讓囝囝食一些有機的餅乾作為零食，而平日他所吃的東西都是經過我先篩選，全部都是天然的，所以我不擔心零食中有反式脂肪的問題。加上比起這些餅乾零食，寶寶平日吃水果較多，天然的食物更不會有反式脂肪。雖然現在出現了這些報道，但我都不會因此而不讓寶寶吃零食，因為一般都可以分辨到有哪些食物含有反式脂肪，如是者，就不讓他吃。如果囝囝真的堅持要食的話，我會控制當中的次數，大約一個月一次，因為知道他愛吃香口的東西，但都會給予他吃新鮮的食物為主，如炸薯條等。」

Case 2：買信譽好品牌

媽媽：蔡太　　囡囡：蔡欣妍 (2 歲)

「知道零食中有反式脂肪，我當然擔心，因為它對寶寶的身體有害，而且我有時也會給囡囡吃零食，如芝士魚、方格脆等。我買零食時，都會留意食物的成份標籤，而現在有這報道後，更會減少囡囡吃零食的次數。如果在家，我會讓她吃水果，外出就給她吃麥片，這樣會比較健康。而之後就算我買零食，都會購買一些信譽良好的品牌，例如一些外國的大牌子，才讓她吃零食。」

Case 3：先看成份標籤

媽媽：趙太　　囡囡：趙凱澄 (2 歲)

「我有給囡囡食零食，如米餅，所以當知道零食中或含有反式脂肪當然擔心，因為一直對當中某些大牌子很有信心。平日我都習慣在選購前，先看看成份標籤，但因覺得 BB 食品應該比較安全，所以只會留意鹽、糖成份，因此不知平時讓寶寶食的零食有沒有反式脂肪。雖然如此，但我不會因而少給寶寶吃零食，反而會多留意當中的成份及經常轉換不同零食牌子。如果真的避無可避，我會用蔬果條，如青瓜、蘿蔔等代替，或自製米餅、豬肉乾等作為囡囡的零食。」

Case 4：互相推介

媽媽：胡太　　囡囡：胡汶錡 (2 歲)

「我一向有讓囡囡食芝士波這些零食，所以知道零食中含有反式脂肪時，都會感到擔心；而且我平時買零食時，都沒有留意到當中是否有反式脂肪，可能囡囡也曾經食過。其實，我認為要避免寶寶接觸到反式脂肪的最好方法，就是減少他們食零食的數量、購買時看成份標籤、與其他媽媽互相推介，交換心得。如果寶寶堅持想食不健康的零食，我會用別的方法分散她的注意，如唱歌、玩遊戲等。」

Case 5：減少進食份量

媽媽：郭太　　囡囡：郭蕊嘉 (3 歲)

「囡囡小時候我有給她吃 BB 餅、牙仔餅，到她現在稍大，我就給她吃大人會吃的餅乾。知道有零食含有反式脂肪，我都感到擔心，惟有不讓她食太多。雖然我不知道囡囡現在食的零食是否有反式脂肪，但見她吃後沒有甚麼異樣，就繼續給她吃。現在有這報道，我會再減少給囡囡進食零食的份量，但是我覺得吃零食始終無可避免，因為就算我不給她，總有親戚朋友會給她吃。如果囡囡真的要求再吃更多零食，我會拒絕再買或把原有的棄掉，並且帶頭不吃零食，並解釋給她知道，媽媽不吃的原因，勸她也不要再吃。」

Case 6：不吃同一品牌

媽媽：尹太　　囡囡：尹卓嘉 (3 歲)

「我都有給餅乾、水果乾等作為囡囡的零食，但不擔心她會因此吸取過量反式脂肪，因為零食不是正餐，不會食很多，又不會一直只吃同一個牌子。加上囡囡在家吃水果較多，所以就算有反式脂肪，都只是少量吸收；就算一直知道反式脂肪對人體有害，但因囡囡攝取量不多，所以我倒覺得沒有所謂。不過，若然知道是哪些產品有問題，都會盡量避免。現在我們正實行『食物零食計劃表』與囡囡商量及控制她吃零食的份量，以免她吸收太多添加劑、防腐劑或反式脂肪。」

Case 7：全面禁止

媽媽：鄧太　　因因：鄧子瑜 (3 歲)

「因因很喜歡及經常食薯片，當聽到零食中可能有反式脂肪，我也會擔心，因為反式脂肪會阻塞血管，長遠來說更會形成心臟病等；雖然平日都會留意她吃的零食是否高鈉，但就沒有注意反式脂肪的份量。如果在家時，我都盡量收起一些較為不健康的零食，但因因還是找到，所以以後只好更留意成份標籤，以及找更天然健康的食物取代。但如果因因堅持要食一些不健康的食物，那我只好聯同親戚朋友及學校全面禁止她吃零食，因為她一吃就停不了，有時更會搶走獨享。」

過量攝取 影響深遠

有機會三高

　　註冊營養師高芷欣稱，如果寶寶攝取太多反式脂肪的話，會為他們的健康帶來不少負面影響；短期的影響，可能會令寶寶有肥胖、超重等問題，而長遠的影響，有可能使寶寶將來患有高血壓、高血糖、高血脂、高膽固醇或心血管疾病等。要是寶寶不但在零食中攝取反式脂肪，還在其他膳食上也有飲食不均衡的情況，或令其過量進食含有反式脂肪的食物，有可能會早在他們廿多歲時，就患有以上提及的疾病。

注意高危食物

　　而父母可以做的，就是留意反式脂肪較常出現在烘焙的食物當中，因為製作這些食物時，需要用上植物油，而植物油在加熱、製作的過程中會氫化，並產生反式脂肪。所以餅乾、蛋糕、酥皮等食物，會較有機會含有反式脂肪。

由植物油製作的餅乾、蛋糕、酥皮等食物，可能較常出現反式脂肪。

減醣飲食
食出健康？

專家顧問：劉惠汶 / 澳洲註冊營養師

　　潮流興減醣，近期不少名人都介紹減醣飲食，認為不僅有益健康，還能減重。醣類包含澱粉質、膳食纖維、糖，為身體提供日常活動所需能量，但攝取過量就有機會影響體重，帶來健康風險。醣對大人、小朋友的健康有何作用？在日常生活中又如何挑選才能吃得健康？以下由註冊營養師為我們講解。

醣類 宜適量攝取

醣類亦稱作碳水化合物（Carbohydrate），可分為三類：澱粉質、膳食纖維、糖。人體需要攝取適量醣進行日常代謝，提供日常活動所需能量，因此需要適量攝取醣。以下就為大家介紹一些含有醣類的常見食物。

穀物類 提供能量及微量營養素

首先是包含醣類中常見的澱粉質及膳食纖維這類食物，應適量攝取以補充能量及營養。提到澱粉質和膳食纖維，經常會想到穀物類，如生活中常見的麵包、麵食及米飯類。這些食物除了可提供澱粉質和膳食纖維，亦含有各種微量營養素。

❶ 穀物類含澱粉質，提供能量

- 澱粉質是宏量營養素，而宏量營養素一般能為我們提供能量。1 克澱粉質一般來説可提供 4 千卡的熱量，透過進食充足穀物類可補充能量。

❷ 提供微量營養素，維他命 B 雜、鎂、鉀、鐵，對小朋友和大人都重要

- 維他命 B 雜，協助細胞的日常代謝，攝取充足維他命 B 雜對成長階段的小朋友非常重要。而家長照顧小朋友、應付日常工作也會面對生活壓力，維他命 B 雜與維持精神和情緒健康都有關，進食穀物類有助攝取充足維他命 B 雜。
- 鎂質和鉀質與維持血壓健康有關，三高問題也是香港人需關注的，血壓問題正是其中之一。攝取充足鎂質和鉀有助降血壓。

食用建議

穀物類款式多樣，進食時可留意選擇低升糖指數的食物。低升糖指數食物對血糖升幅的影響較小，有助穩定血糖水平，尤其對於需要控制血糖水平的家長。對小朋友而言，食用低升糖指數的食物令血糖慢升慢跌，有助延長飽肚感，避免小朋友因易餓去找方便的雜糧如高脂高糖的零食，其熱量高但營養價值相對低。低升糖指數穀物類推薦：全麥意粉、粉絲、藜麥、粟米。相對來説就要留意高升糖指數的，如白米飯、白粥、白麵包、砂糖，飽腹感和穩定血糖的效果都相對弱。

同時鎂質和鉀質也是維持神經細胞日常運作所需的微量營養素。

- 鐵質亦常出現在穀物類中，尤其較粗糙的穀物類，如未經太多製作過程的糙米、紅米。這些較粗糙的穀物類，含較豐富的微量營養素。鐵質是製造血紅素的元素之一，而血紅素亦幫助紅血球運送氧氣至細胞進行日常代謝，對發育階段的小朋友尤其重要。大人也需要鐵質，特別是每月會因經血流失鐵質的女士，補充鐵質很重要。另外，鐵質對維持頭髮、指甲健康也很重要。

一般成人每天需進食 5 至 8 碗的穀物類。

食用建議

根據香港衞生防護中心的建議，一般成人每天需進食 5 至 8 碗的穀物類，2 至 5 歲的幼兒每天需要進食 1.5 至 3 碗穀物類。

蔬菜和水果 膳食纖維主要來源

攝取充足膳食纖維有助維持腸道健康，亦能增強飽肚感。現在無論兒童、成人都有過重和肥胖問題，增強飽肚感也是控制整體熱量攝取的方法之一，攝取充足纖維量有助維持整體體重。

- 除了纖維外，蔬菜和水果也含豐富維他命 A，對於眼睛發展和免疫系統的建立很重要。
- 維他命 C 也是蔬果可提供的，主要維持免疫力系統健康，也可增加植物性鐵質的吸收。穀物類的鐵質屬於植物性來源的鐵質，較動物性來源如牛肉、豬潤的鐵質相比在人體吸收率低，維他命 C 有助增加植物性鐵質在體內的吸收率。

食用建議

- 一般成年人每天的膳食纖維建議攝取量為不少於 25 克，小朋友的建議攝取量是年齡 +5 克，比如 5 歲建議攝取量是 5+5，即 10 克。
- 可基於彩虹飲食法，即是最好各樣顏色的蔬果都吃，增加攝取植物生化素（Phytochemical）。研究顯示植物生化素具抗炎抗氧化功效，有助抑制體內的自由基（日常細胞代謝的廢物），減低體內的氧化壓力（Oxidative stress），減少對細胞的損害。

顏色	植物生化素	食物例子
紅色	茄紅素	番茄、草莓、西瓜
橙色	beta- 胡蘿蔔素	紅蘿蔔、芒果、玉米
綠色	葉黃素、玉米黃素	菠菜、奇異果、青椒
紫藍色	花青素	茄子、藍莓、紫椰菜
啡白色	蒜素、槲皮素	洋蔥、菇類、蒜頭

建議家長和小朋友可每星期選擇一個顏色的食材，從小培養小朋友知道除了進食蔬果外，選取多樣款式也是重要的。

想喝果汁自製最佳。預先包裝的果汁有機會糖含量很高，寫明無添加糖不等於其果糖不多。

糖分攝取 要減少

　　澱粉質和膳食纖維之外，還包括糖，也是屬於醣類。根據世界衞生組織的定義，食物添加的單糖如葡萄糖、果糖，雙糖如蔗糖，以及蜜糖、果汁以及濃縮果汁，這些都是游離糖。

　　世衞建議，成人和兒童都應減少進食游離糖，希望以此減少肥胖過重問題和蛀牙風險。成人和兒童每日的游離糖建議攝取量應少於其每日總熱量攝取的 10%，最理想是進一步減至 5% 以下，更有效減少蛀牙問題。以每天攝入 2000 卡熱量的成人為例，其游離糖攝取量應該少於 50 克，大概相等於 12 茶匙的游離糖。以每天攝取 1400 卡熱量的 5 歲男童為例，應該少於 35 克游離糖，相等於 8 茶匙游離糖。

流質糖分 要為意

- 12 茶匙聽起來很多，但據香港食物安全中心的資料顯示，成人主要糖分攝取來源是不含酒精飲品，比如碳酸飲品及果汁，佔糖份攝取的 30%。一罐 330 毫升的碳酸飲品可含 35 克糖（即 8 茶匙糖），已佔建議攝取量的 2/3。如小朋友喝碳酸飲品，一罐 330 毫升已達 5 歲男童全日游離糖的建議攝取上限。
- 越來越多人關注健康，開始少喝罐裝飲品。但到茶餐廳吃飯不時會飲杯凍檸茶，而一杯已有大概 9 茶匙糖，達成人建議攝取

量的 3/4。即使少糖，根據香港食物安全中心的資料顯示，只比正常份量少 1 茶匙糖。因此「走糖為上」，可預留空間進食其他食物。流質的糖份攝取量也很易不為意，因此最需要小心。

果汁自製 糖分可控

對於不愛吃蔬菜的小朋友，有些家長會以水果或果汁取代。而根據世衞的定義果汁是游離糖，以 100% 橙汁為例，一杯 200 毫升已有 4 茶匙糖，已佔 5 歲男童的游離糖建議攝取量的一半。進食原個水果最為理想，但若然選擇果汁，最好是與小朋友一起在家自製，可控制食材及份量，有助控制果糖攝取量。坊間購買的預先包裝的果汁的糖含量有機會很高，即使寫明無添加糖，但無添加糖不等於其果糖不多，建議無論大人小朋友都要小心糖的攝取量。

適醣減糖 健康之選

醣，即碳水化合物的攝取量也需留意，攝取過多碳水化合物有機會增加整體熱量攝取，若整體熱量攝取長期多於熱量消耗，額外攝取的熱量有機會以脂肪儲備在身體裏，長遠會影響體重。過重和肥胖亦是多種慢性疾病比如心臟病及糖尿病的風險因素之一，因此不宜過量攝入碳水化合物。

根據衞生署 2014/15 年度人口健康調查的資料顯示，本港大約五成年齡介乎 15-84 歲人士屬於過重或肥胖。過重或肥胖是患上慢性疾病如高膽固醇、高血壓、糖尿病的風險因素之一，而在 15-84 歲的人口中患上高膽固醇、高血壓、糖尿病其中一種或以上的比例達 59.2%。根據 2018-19 學年的資料顯示，過重及肥胖的小學生比率是 17.4%，大概五個有一個有過重或肥胖，與之前相比有些微下降趨勢。

過重和肥胖不僅是體型的問題，也對健康構成風險，因此建議進食碳水化合物要適量，而當中的糖就要減低攝取。

小提示

控制體重方面，除了控制碳水化合物份量，也要留意同為主要熱量攝取來源的蛋白質和脂肪，均衡適量攝取才能有效減低過重肥胖的機會。

Part 4

食物專案

對於如何揀選食物給小朋友吃，

從來都困擾不少父母。例如普通如麵包應如何選擇？

零食如何吃得健康？飲果汁定吃水果？

植物奶又如何？此等問題多不勝數，

本章精選了十多個有關食物的問題，由專家為你解答。

食麵包

避免4E

專家顧問：吳耀芬 / 註冊營養師

　　麵包是最常見的食物之一，很多小朋友會以其作早餐或小食。但原來坊間不少出售的麵包也含有添加劑，會對小朋友造成不良影響，甚至導致睡眠障礙等。本文營養師講解麵包常見的添加劑，有興趣的爸媽必定要留意。

某些添加劑能令麵包口感變得更佳。

4E 添加劑副作用

1. E282- 丙酸鈣

難集中精神：丙酸鈣 (Calcium Propionate, E282) 乃一種防腐劑，可預防和抑制細菌生長，延長麵包的保質期。E282 有機會令進食者出現皮膚痕癢敏感等情況，且對小朋友有不少影響。Journal of Paediatric Child Health 於 2003 年的研究指出，若小朋友每天進食含 E282 的食物，或出現煩躁不安、注意力不集中和睡眠障礙等情況。

2. E927a- 偶氮二酰胺

皮膚易過敏：偶氮二酰胺 (Azodicarbonamide, E927a) 為麵粉處理劑，可用作麵糰調理劑和有漂白麵粉的功效。根據美國食品及藥物管理局 (FDA) 的一項研究顯示，進食大量的 E927a，會增加雌性老鼠的患癌風險，對雄性老鼠則未有影響；但老鼠在研究中進食的 E927a 份量，遠超於人類日常透過麵包的攝取量，故FDA 判定 E927a 屬安全的添加劑。然而，其並非製造麵包的必需品，加上長期進食依然有機會引致哮喘和皮膚過敏等出現，建

爸媽購買麵包前，需要留意
包裝上的成份表。

議可免則免。

3. E320- 丁基羥基茴香醚

屬於致癌物： 丁基羥基茴香醚 (Butylated Hydroxyanisole, E320) 是石油衍生物，為一種抗氧化劑，能防止麵包因氧化而腐壞。美國衛生及公共服務部所的一篇文章指出，有合理的理由相信，E320 為致癌物。資深營養師吳耀芬表示，現時仍未有條例禁止使用 E320，故爸媽在購買產品時，不妨多留意麵包成份表中是否含有 E320。

4. E471- 脂肪酸一甘油酯和脂肪酸二甘油酯

增心血管病： 脂肪酸一甘油酯和脂肪酸二甘油酯 (Mono- and Di- Glycerides of Fatty Acids, E471) 是常見的麵包乳化劑，使麵包中的脂肪和水份混合，令其變得鬆軟，或延長其保質期。E471 可能含反式脂肪，會增加體內的「壞膽固醇」水平，並同時減少「好膽固醇」水平，提高患上心血管疾病的風險。

留意成份表

為了延長麵包的保質期和降低成本，坊間店舖出售的麵包一般都含添加劑。如上文所言，小朋友進食過量的添加劑，會對身體造成影響，故建議爸媽在購買麵包時，多留意包裝上的成份表，

自製麵包雖能避開添加劑，但要注意保存時間。

越簡單越好。若發現 E 字起首的詞彙數目越多，表示此產品所含有的添加劑越多。

DIY 要注意

既然坊間出售的麵包多含添加劑，為求保持小朋友的健康，不少爸媽會選擇 DIY 麵包，但亦要注意以下三方面：

1. 選用材料

爸媽選擇麵包材料時，不妨考慮全麥粉和橄欖油。全麥粉含有豐富的膳食纖維和維他命 B 雜，營養價值較小麥粉更豐富。膳食纖維有助促進腸道蠕動，預防便秘；而維他命 B 雜則對人體的能量代謝十分重要，能維持身體機能正常運作。橄欖油則不含膽固醇，同時有豐富的單元不飽和脂肪酸，有助降低「壞膽固醇」的水平，並具抗氧化的功效，有助維持心血管健康。若爸媽要使用牛油製作麵包，建議改用低卡牛油會較好。

2. 製作過程

雖然進食自家製麵包可避開添加劑，屬較健康的選擇，但由於沒有添加劑的「幫忙」，麵包需要加入更多牛油或其他油脂來變得鬆軟。吳表示，無論是橄欖油還是牛油，每茶匙均含 45 卡路里，故即使橄欖油是較健康的脂肪，爸媽在製作麵包時，同樣需要留意用量，避免在不知不覺間掉入致肥陷阱。

3. 保存方法

除了材料及製作，亦要注意自家製麵包的保存方法，不同種類麵包的保質期和保存方法不一。一般而言，只要把麵包以保鮮袋包裹好，置於室溫便可。不過，由於自家製麵包並沒有添加防腐劑，其保存時間會較短，一般只有 2 至 3 天，爸媽必須留意。

雞蛋

全方位食材

專家顧問：黃榮俊 / 資深營養師

    多年來大家對蛋都存在誤解，認為多食蛋會增加膽固醇，影響身體健康。事實上，蛋的營養價值極高，含有多種營養素，對於人體肌肉成長、荷爾蒙製造，以及頭髮、皮膚、毛髮及骨骼的發育是極為重要的。

可以吃蛋黃

蛋是一種非常有營養的食物，不論老中青都適合食用。資深營養師黃榮俊表示，當寶寶 6 個月大開始轉食固體食物，便可以進食蛋黃。他表示，蛋白含有豐富蛋白質，有齊人體所需要的氨基酸，易於被人體吸收。

不過，有些人難以完全消化蛋白質，將它拆解成氨基酸。那些人腸道表皮屏障發育不完全時，一些未被消化的短細蛋白質分子便會穿過腸壁，引起免疫反應。所以，寶寶到了 1 歲至 1 歲半，家長才可以考慮給他們食用蛋白，待他們腸道免疫系統發育更理想才適合食用。

營養價值高

雞蛋的整體營養是極為豐富，根據美國農業部轄下的營養素資料實驗室的數字，以一隻約 50 克的水煮蛋為例，含熱量約 73.5 千卡、6.3 克蛋白質、5 克脂肪、211 毫克膽固醇及少量碳水化合物。蛋黃主要提供脂肪、膽固醇、卵磷脂、維他命 A、D 及 E、硫、磷、鈣、鐵，以及少量的維他命 B2 及 B12。

正因如此，很多人吃雞蛋不吃黃，怕肥胖兼膽固醇過高。另外，約佔雞蛋總重量一半的蛋白，成份主要是蛋白質，少量的維他命 B2、B12、生物素、鈉、鉀、鎂及磷。蛋白質對人體肌肉成長，荷爾蒙的製造，頭髮、皮膚、毛髮及骨骼的發育是極為重要。雞蛋的蛋白質屬於完全蛋白，包含了所有人體必須的氨基酸，其可利用率達 94%，比 90% 的牛奶及只得 76% 的牛、豬及魚肉還高。

強化記憶

值得一提的是，蛋黃中蘊含的卵磷脂（一隻蛋約有 2 克），又名磷脂酰膽鹼，它可減少大腸中膽固醇的吸收，同時可幫助製造磷脂質。它是主要構成細胞膜的物質，幫助細胞傳遞荷爾蒙及遺傳物質的信息。卵磷脂也幫助製造膽鹼，有助膽固醇適量分佈在血管及組織。膽鹼可製造酰膽鹼，這是一種神經傳遞的物質，是構成神經鞘髓外皮的主要成份，有助增強記憶力。

數量因人而異

雞蛋可以説是一種全方位的食材，日常生活中大家都會以它入饌，所以，大家不時都會食用雞蛋。對於幼稚園階段 3、4 歲至 6 歲的幼兒來説，並沒有限制他們每天進食雞蛋的數量，但每人每日攝取蛋白質的份量則有限制，不過每個國家地方的準則都不同，並沒有一個國際標準。在均衡飲食的情況下，基本上每人每日可以食用 1 至 2 隻蛋，其他的蛋白質來源，可以從其他禽畜中吸收得到。

不會構成高膽固醇

很多人擔心食蛋會令膽固醇超標，黃榮俊表示，一隻蛋含有 266 毫克膽固醇，一隻蛋已經提供了約每天 9 成多需要的膽固醇，令身體有足夠營養維持健康。然而，人的肝臟可以自行製造 6 至 7 成膽固醇，於日常飲食中可以攝取大約 2 至 3 成膽固醇。即使未能吸收足夠膽固醇，身體是可以自行製造，正常運作的。所以，即使食多了蛋，正常機能運作不會構成高膽固醇，特別是小朋友，他們的機能運作相當好，不會有問題。

從前科學家是以小白兔進行實驗，但小白兔與人類的膽固醇代謝原理不同，現在發現並非膽固醇直接影響人體健康，元凶卻是食物中的飽和脂肪，所以，必須小心控制攝取飽和脂肪的份量。

各種蛋營養大同小異

坊間有許多不同種類的蛋，例如雞蛋、鵝蛋、鴨蛋、竹絲雞蛋、鵪鶉蛋等，營養上大同小異，但膽固醇方面，雞蛋比鴨蛋、鵝蛋及鵪鶉蛋少一半。脂肪含量方面，鵪鶉蛋較其他蛋大概高 2 成。由於鴨蛋及鵝蛋的脂肪含量高，使其卡路里含量也高，較一般雞蛋高 2 至 3 成卡路里。

至於竹絲雞蛋及有機蛋方面，它們的營養價值差不多。有機蛋在飼養上有特別要求，有機會影響微量元素的含量，但熱量大致上都大同小異，沒有太大分別。

有機蛋減少添加劑

對於有腸胃或皮膚敏感的人來説，食用有機蛋可能較適合，原因是有機蛋不會使用食物添加劑、激素、防腐劑、抗生素及農藥，對於過敏體質人士的健康更有保障。小朋友每日食用不超過 1 至 2 隻蛋是沒有問題的，但鹹鴨蛋鹽份太多，只可以食用少量，不可以進食太多，一天建議只可以食半隻。

焓蛋最健康

黃榮俊表示，焓蛋是較為健康的煮法，煎及炒蛋問題在於油份吸收大增。生蛋白含大量的「抗生物素蛋白」，會中和及阻礙生物素的吸收及存量，影響皮膚、指甲、頭髮的健康，而蛋黃過熟會減少吸收蛋白質，並因受熱而變質，減低了消化及吸收，增加了腸道敏感的機會。因此，蛋白要全熟，但蛋黃則剛熟即可。很多人喜歡的炒蛋，其實受高溫及空氣氧化，營養素會下降，減低身體的吸收及使用率。

美國農業部數字指出，3 萬隻蛋中才有一隻受沙門氏菌的感染，而且母雞受感染後不會排卵及生蛋，一般是蛋殼受細菌污染，因此要輕輕洗乾淨，但不要用力摩擦蛋殼表面的保護膜，因為蛋殼有約 8,000 個小孔，這樣會增加水份流失，縮短了雞蛋的壽命。

各種蛋的營養

蛋的名稱	能量	蛋白質（克）	碳水化合物（克）	脂肪（克）	膳食纖維（克）	糖（克）	飽和脂肪（克）	反式脂肪（克）	膽固醇（毫克）	鈉（毫克）
火雞蛋（全隻、新鮮、生）	171	13.68	1.15	11.88	0	NA	3.632	NA	933	151
鴨蛋（全隻、新鮮、生）	185	12.81	1.45	13.77	0	0.93	3.681	NA	884	146
鵝蛋（全隻、新鮮、生）	185	13.87	1.35	13.27	0	0.94	3.595	NA	852	138
鵪鶉蛋（全隻、新鮮、生）	158	13.05	0.41	11.09	0	0.4	3.557	NA	844	141
雞蛋（全隻、生）	163	13.4	0.3	12.1	0	0.3	4.2	NA	525	116

口痕痕
5 類健康零食

專家顧問：劉惠汶 / 註冊營養師

　　新冠肺炎不但撼動全球經濟，也改變了港人的飲食習慣。一項調查顯示，由於減少外出及在家工作的關係，四成受訪市民吃多了零食，當中薯片、餅乾和雪糕，成為港人抗疫零食三寶，平均一星期吃三次，令人增磅不少。本文營養師為大家推薦健康零食，讓你「口痕痕」時，也可以吃得健康。

疫情改變飲食習慣

本港疫情持續，不少人在家工作，甚至學生也繼續居家學習，大眾在不知不覺間亦改變了生活習慣。香港永明金融有限公司早前就「疫情下港人飲食習慣轉變」作出調查，其中調查發現，港人失衡飲食和缺乏運動的情況嚴重，7成受訪者表示曾經「在家工作」，令其飲食習慣有改變；5成半受訪者表示於疫情期間增磅，即每2人就有1人發胖。調查發現，港人在疫情期間，有以下4大飲食習慣改變：

❶ 多食零食
❷ 正餐以外增加入廚機會
❸ 多食下午茶或宵夜
❹ 變成一日多餐

抗疫零食三甲

新冠肺炎疫情持續，市民都減少外出，留在家中抗疫，少不免會經常吃零食，容易墮入致肥陷阱。是次調查發現有逾4成受訪者坦言在此期間吃多了零食。根據調查顯示，以下3種零食是港人疫情期間最愛的抗疫零食，平均一星期吃3次。部份人坦言留家抗疫太悶，食零食有助減壓。

5款健康零食

抗疫在家，總有些時候想吃點零食來滿足口痕嘴饞的慾望，一不留神便會進食過多而出現肚腩。其實零食不一定跟不健康、致肥掛勾，只要選擇得宜，一樣可以吃零食吃得健康。以下，由營養師劉惠汶建議的5款健康零食：

1. 原味果仁

應以原味或烘焗為主，當中果仁含有豐富多種不飽和脂肪酸及單元不飽和脂肪酸，能夠幫助降低血液內的壞膽固醇，以及提升好的膽固醇，有效預防心血管疾病。另外，果仁含豐富維他命E，幫助促進新陳代謝。

2. 無添加糖水果乾

水果乾是新鮮水果經烘乾或曬乾等過程，去除水份而製成，保留了水果的大部份營養素，如膳食纖維、礦物質和多酚。但劉惠汶提醒不要以水果乾代替每日所需的全部水果份量。

薯片 / 蝦片

餅乾 / 曲   雪糕

3. 鹽味爆谷

爆谷沒有過多的油、鹽、糖，同時保留了粟米的營養如澱粉、玉米黃素，而且其原材料粟米粒的纖維高，含有豐富蛋白質、維他命 B1、B2 等。鹽味爆谷不但低熱量，又含有豐富營養價值，是低卡、高纖健康的零食。

4. 高纖穀物棒

穀物棒是含有較豐富膳食纖維的小食，有助增加及延長飽肚感。選購小食棒時應細閱營養標籤，最好特別留意脂肪及糖份含量，盡量挑選無添加油份及糖份的產品。同時，高纖不一定等於健康，也要衡量其他食品營養成份。

5. 烤焗較低脂薯片

油炸零食多含反式脂肪和飽和脂肪，製造身體壞膽固醇。但非油炸的新式烤焗薯片，含脂肪量比油炸薯片少 6 至 7 成，脂肪量較低。

早午晚 外賣建議餐單

新冠肺炎疫情已持續一年多，疫情下不論在家抗疫，還是外出上班工作的市民，大多已習慣透過外賣平台買外賣，或以外賣方式減少外出進食。雖然外賣確實不及在家煮食健康，但其實外賣亦可以有精明的選擇，令外賣食物也可吃得健康，劉惠汶建議以下的外賣選擇：

外賣選擇建議		
早餐	**午餐**	**晚餐**
番茄鮮牛肉湯米粉	雞絲湯檬粉	海南雞（去皮）配白飯
豬膶湯通粉	番茄海鮮湯意粉	燒春雞（去皮）配焗薯
雪菜肉絲湯米粉	牛脹湯麵	鹽燒鯖魚定食

原味果仁

無添加糖水果乾

鹽味爆谷

高纖穀物棒

烤焗較低脂薯片

營養師：健康飲食小貼士

❶ 加工肉類如火腿、腸仔及午餐肉含有較多飽和脂肪，長期攝取過多飽和脂肪，有機會影響體重及心血管健康，建議以新鮮食材如肉絲及肉片取替。另可以焓蛋或煎蛋代替炒蛋，多士走油可減少油份吸收。

❷ 街外買的湯粉麵一般含較高鈉，建議盡量避免飲用湯底，同時攝取充足清水，以排走體內多餘鈉質。長期攝取過多鈉質，有機會影響血壓及容易出現水腫情況。

❸ 肉類的皮層、腩位及近骨部位含有較多脂肪，建議盡量避免進食。可多選擇魚類及海鮮，不但含豐富蛋白質，同時其飽和脂肪含量較少。

吃零食
要識揀擇

專家顧問：黃榮俊 / 資深營養師

　　提到零食，大家很自然會與無益掛勾，原因是大部份的零食，如糖果、薯片、蝦條等，均含有高糖份、鹽份及調味料，影響健康。但是，如果家長懂得揀零食的竅門，能夠為孩子挑選有營零食，零食也可以令孩子食得有益。

正餐以外的食物

　　何謂零食？資深營養師黃榮俊表示，凡是正常三餐以外的食物，都稱為零食。他說孩子於每餐的進食量一般都不及成人，他們的進食量很少，但全日所需的熱量卻未必少。因此，孩子未必能在正餐中吸收足夠的熱量來維持生長所需，而副食品便能夠補充熱量給孩子，幫助他們應付日常活動，如學習、遊玩的需要。

　　此外，於正餐的食物未及均衡，未必有足夠的蔬菜、水果、牛奶、豆漿或豆製品，因此，孩子未必能於正餐中吸收足夠的維他命、礦物質及纖維素，便可以透過進食副食品來補充，打造飲食上的均衡性。

影響生活規律

　　黃榮俊續說，2、3歲的孩子，家長較容易控制他們的飲食。家長通常會給較健康的零食予他們食用，例如米餅及甜餅，這類零食能夠為孩子提供澱粉質。當孩子到了3歲或以上，開始踏進校園，接觸食物種類增加，對於味覺的要求亦增加。這階段的孩子較喜歡甜味食物，這時家長多給他們吃餡餅、朱古力餅、夾心餅、朱古力、雪糕等零食。當他們常吃甜味食物後，再接觸味道較清淡的食物時，便會產生抗拒感，不喜歡食了。

　　至於飲品方面，家長多會給果汁、檸檬茶孩子飲用，這些飲品含糖份很高，容易導致蛀牙，長期飲用也會出現超重的問題。朱古力及雪糕含脂肪量高，有飽足感，會影響孩子進食正餐的胃口。當孩子於正餐時缺乏食慾，到晚上11、12時便會感到肚餓，家長需要烹煮消夜給他們進食，可能會給予孩子進食方包配果醬或花生醬，長此下去只會打亂孩子的飲食規律，影響作息時間，最後影響其健康。

醃製食物無益

　　除了以上零食，家長亦很喜歡給孩子食用醃製食物，例如香腸或有餡的食物。這些醃製食物經過加工處理，絕對沒有益處，特別是年幼的孩子，更不應該食用。由於孩子的腎臟發育未成熟，當他們進食醃製食物後，為了解渴便會飲用大量水份，之後又再進食甜食抵渴，久而久之，孩子便會越食越愛食鹹及甜，孩子的體重亦會越來越增重。另外，蛋糕也是孩子常吃的零食，蛋糕以

豆漿營養價值高，適合孩子飲用。

大量牛油製造，含脂肪量高，會帶給孩子飽滯感覺，也要較多時間消化。由於蛋糕含高脂肪，所以會拉高了熱量，小小一件甚至比一頓飯所提供的熱量還要高，形成飽足感與熱量吸收不成正比。

嚴選零食 3 招

　　為了讓家長能夠為孩子選擇有益零食，黃榮俊為大家提供揀選零食的 3 個準則，家長只要依據準則挑選，便能揀選健康零食。

準則 1：足夠碳水化合物

　　成人的正餐比較豐富，所以不需要靠副食品補充營養，而孩子卻相反。家長為他們挑選零食時，要選擇含高熱量的食物，熱量來源先考慮澱粉質，而含澱粉質豐富的食物，包括麵包、粉麵及餅食等。

準則 2：飽足感

　　家長應該選擇能令孩子有飽足感的零食，這樣他們才不會不停地進食。家長宜挑選低糖、低鹽，少調味料的零食，而薯片、蝦條等這些令孩子越食越多，而且令味覺不自覺地會越食越鹹及甜，往後他們便不再喜歡吃味道較清淡的食物。

準則 3：含微量元素及植物元素

　　所選擇的零食需要含微量元素，即代表需要含有維他命、礦物質、纖維素，這樣才能平衡於正餐中所缺乏的營養。

零食逐一數

零食種類	建議
薯片	調味料較重，鹽份高，不建議食用。
糖果	棉花糖的糖份高，對健康沒有益處。家長可以挑選以真正果汁製造的果汁糖給孩子食用。
餅乾	曲奇餅含脂肪及糖份都高，雖然坊間有低糖曲奇餅，能夠減少熱量及糖份，但始終製造曲奇餅需要大量牛油，所以油份仍然高。夾心餅也不建議家長選擇。建議家長可以選擇手指餅條，主要供應澱粉質，能夠提供熱量，而且糖份、鹽份及油份均偏少，配料及調味料簡單。另外，得意動物餅或字母餅也不錯，部份含有紫菜成份，也可以考慮。全麥餅也值得家長選擇。米餅也是不錯的零食，但不宜多吃避免熱氣上火生痱滋。
飲品	給予孩子飲用豆漿、牛奶及清水已經可以了。果汁方面，最好由家長親自鮮榨，原因是坊間出售的果汁含糖份高，容易致胖及蛀牙。家長可以選擇不同蔬果自製新鮮蔬果汁。
蔬果	家長可以把水果當零食給孩子食，例如橙、奇異果、藍莓、士多啤梨、西瓜、香蕉、火龍果等都是不錯選擇。水果味道甜美，含有果糖，它們含有豐富維他命 C、胡蘿蔔素及纖維。於夏日孩子活動流出大量汗水，給他們進食水果可以補充鉀和水份。坊間出售的獨立包裝粟米也可給孩子作零食，撕開包裝便可即食。還有番薯仔、包裝即食栗子是澱粉質的來源，可以增加飽足感。
麵包/蛋糕	可挑選原味的麵包，避免挑選有餡的麵包，於方包上塗上適量花生醬及果醬也可以。即使是烤麵包也可以，能夠增加口感。蛋糕方面，可挑選蛋白蛋糕，它含有較少牛油，較為健康，熱量亦較少。
乾果	杏甫肉帶有甜味，口感煙韌，它含有胡蘿蔔素，對眼睛有好處。提子乾含糖份較高，只宜每次給孩子進食一湯匙。香蕉乾亦不錯的，它含有色胺酸，有助入眠。
雪糕	家長必須控制孩子進食雪糕的次數及份量。而乳酪雪糕較一般雪糕為佳，含有蛋白質及益生菌，但是也不可多吃。
穀類早餐脆片	穀類早餐脆片調味料較少，即使不放進牛奶，也可以直接給孩子食進，口感似薯片，但較薯片健康，是美味的零食。
其他	蒟蒻、魔芋、豆腐花等口感幼滑、清涼，加上低糖及熱量，能夠增加飽足感。

注意零食時間

　　家長要給孩子設定正確進食零食的時間，千萬別在正餐前 1 小時進食零食，這樣會影響他們進食正餐份量。此外，含高脂肪的零食也會令孩子有飽滯感覺，會影響食慾。甜食會引致體內胰島素分泌旺盛，也會增加飽足感，令孩子減少進食正餐的份量，並對較清淡的食物提不起興趣。假設孩子中午 12 時至下午 1 時吃午飯，至下午 3、4 時感到肚餓，便可以吃點零食，到晚上 6、7 時吃晚飯，於晚上 10、11 時睡覺，便可以在晚上 8 時給他們吃點零食。這樣便不會影響進食正餐的胃口，也能補充需要的營養。

獎勵糖果
如何分配？

專家顧問：凌婉君 / 註冊社工

　　早前有新聞報道，小朋友如進食過量的彩虹糖，容易因當中的添加物造成專注力下降。應否給予孩子糖果，一直都是家長面對的一大難題。小朋友大多都喜愛吃糖，有時家長也會利用糖果獎勵小朋友，讓他們可以努力學習，但怎樣才能適量分配？本文社工為我們分享心得。

除了糖果，家長應嘗試利用別的獎勵，推動小朋友學習。

自制力較弱

　　糖果是大人和小朋友都喜歡吃的東西，但眾所周知糖果容易造成蛀牙、肥胖，家長應如何分配給小朋友的糖果？為何大部份小朋友面對糖果都無法自制？註冊社工凌婉君表示，小朋友的自制力一般都比大人弱，年紀小的小朋友更甚。在面對自己喜歡的事物例如糖果，小朋友一般都必然想要。小朋友的慾望較難控制，爸爸媽媽可從日常的教養和規管，讓小朋友明白忍耐和等待。父母可在給小朋友糖果的時候，先跟小朋友約法三章，讓小朋友明白是在做了對的事情以後才有的。而且也不可無節制地吃，是在忍耐和等待後才能吃的。此外，家長對小朋友的獎勵，也不必只限於糖果。

適量分配小貼士

　　知易行難，家長要抵抗小朋友的哭喊，拒絕給予小朋友糖果，並非易事。一些家長選擇完全不給小朋友糖果，又是否最好的解決方法？社工凌婉君將分享 4 個小貼士，讓家長可輕鬆分配糖果，也能讓小朋友學會自制：

如果不給小朋友糖果，很多
都會開始哭鬧。

小貼士 1　尋找替代品

　　凌婉君表示，雖然有很多糖果不太有益，但家長仍可在現有的糖果中作出篩選，盡量選取較健康的，如較少食用色素的糖果。家長可多留意糖果的營養標籤，為小朋友選取最好的。小朋友喜愛的只是甜的味道，並非一定是糖果。除了糖果以外，家長也可以甜的食品或是乾果代替，以甜但較有益的食品替代，他們更易接受之餘，也會更為健康。此外，即使給小朋友吃糖果，家長也不一定要大量的給予小朋友。家長可試着找出小朋友的其他興趣，如足球、鋼琴等，在他們想吃糖果的時候以其分散他們的注意力，或是以此來替代糖果的獎勵。糖果只是一種額外的獎勵，不應大量的給予，也不是理所當然要給。

小貼士 2　配合具體讚賞

　　凌婉君指獎勵可分為有形、無形，以及言語上的獎勵，糖果便是典型的有形獎勵。而言語上的讚賞，是對小朋友的一種肯定。不少家長都忽略了讚賞對小朋友的重要性，事實上很多時候小朋友都渴求家長的肯定、鼓勵和欣賞。適當的讚賞可提升小朋友的自信心，也對自己的能力更有自信。在家長因小朋友的正確行為而獎勵糖果時，家長理應配合具體的讚賞，讓小朋友明白自己在哪一方面的行為是正確的。小朋友的思維較大人弱，如果不具體的一步步說明，他們可能不明白。如果家長只含糊其詞的稱讚他

174

們，而沒有說出具體理由，小朋友可能以為自己只要僥倖，便可獲得獎賞。如此一來，糖果的功效便不能完全發揮。

小貼士 3　非單一誘因

　　凌婉君認為無論是甚麼事物，如果小朋友學習或是做事只有一個誘因，都並非好事。雖然小朋友非常喜愛糖果，家長卻不一定要以此獎勵他們，可以較多元化的方式獎勵。如果只以單一方式獎勵孩子，容易造成小朋友的依賴。糖果可以獎勵，但不能只獎勵糖果，如果各樣都有便不會依賴糖果。家長可帶小朋友到他們喜愛的地方，和小朋友玩喜愛的遊戲等，都是小朋友喜愛，同時又合適的獎勵。任何形式的獎勵都不可過量，家長應找到切合小朋友需要的獎勵，而非只有單一一項，否則小朋友容易在沒有該獎勵的時候，便立刻變得不合作。因此家長的獎勵切忌過於單一，因會造成依賴。

小貼士 4　不要完全禁止

　　部份家長可能會選擇完全禁止小朋友進食糖果，凌婉君卻認為這並非一個好的做法，主要原因是家長難以全面避免小朋友接觸糖果，即使家長沒買，小朋友在學校、朋友之間，都有很大的機會接觸。家長無法監察小朋友的生活，而完全禁止更可能影響小朋友的社交生活。因為小朋友在生活中可看到別人吃糖果，雖然可能會明白父母是為了自己的健康着想，但也會覺得很奇怪，為甚麼別人有而自己沒有。其實，小朋友愛吃糖果是人之常情，只要在合理範圍下，不依賴、不過量都是可接受的。

6 款問題色素

　　台灣消基會曾於多款零食中發現人工色素，當中包括檸檬黃（E102）、喹啉黃（E104）、日落黃（E110）、淡紅（E122）、麗春紅 4R（E124），以及誘惑紅 AC（E129）。而以上 6 款問題色素，在以往食物安全中心公佈的「食用色素與兒童過度活躍情況」中，亦指出這些人工色素和兒童過度活躍情況有關。檸檬黃、日落黃和誘惑紅 AC 在不少歐洲國家已被禁用；麗春紅 4R 也在美國被禁用；在台灣，淡紅被列為第 4 類毒化物，只能在工業上使用。但以上 6 款人工色素在香港均屬合法使用。家長在選購零食和糖果時，只能加倍留意營養標籤，小心選購。

飲鮮榨果汁

小心果糖

專家顧問：陳秋惠 / 註冊營養師

　　孩子都愛吃甜點，有時家長為了方便，會給孩子進食加工食物及飲用果汁。在這些食物中含有大量果糖，讓身體吸收太多果糖，可以引起許多疾病，例如糖尿病、脂肪肝、高血壓等，後果嚴重。家長在購買食物前，宜留意食物標籤，給孩子吃新鮮的蔬果，便能控制他們吸收果糖的份量。

即使是鮮榨果汁，由
於用上大量水果榨汁
的緣故，所以含果糖
量高。

　　既然果糖對人體有害，那麼給孩子食用水果，又是否會令他
們吸收太多果糖呢？另外，家長很喜歡給孩子飲用果汁，鮮榨果
汁源自於新鮮水果，水果營養豐富，將它們濃縮成果汁，又會否
更加有益健康？家長只要細閱下文，自有分曉。

果糖蹤影處處

　　註冊營養師陳秋惠表示，果糖屬於單糖，而白砂糖則屬於雙
糖。當葡萄糖加上果糖，便成為白砂糖。果糖及葡萄糖都屬於單
糖，但葡萄糖可以讓身體直接使用，而果糖則靠肝臟轉化成葡萄
糖，才可以被身體使用。

　　在許多食物中也能找到果糖的蹤影，例如水果、果汁、蔬菜、
飲品內都含有果糖，尤其是醬汁含果糖量很高。另外，一些加工
食物、甜味食物都含有果糖。有些食物會使用增甜劑，過量添加
游離糖會令身體吸收過多果糖。

引致多種疾病

　　有些孩子直接攝取添加糖，例如果汁、含游離糖包裝食物，
他們會因為未能消化果糖，而出現消化不良的情況，如腸胃不適、
胃氣脹及肚痛，攝取過量果糖，甚至會出現肚瀉的情況。

　　除此之外，攝取過量果糖及游離糖，更會令肝臟功能下降，
導致脂肪肝、糖尿病、肥胖症、高血壓等。所以，註冊營養師陳
秋惠不建議多吃含添加糖的飲料、食物及蜜糖，而天然的水果整
個進食則完全沒有問題。

注意營養標籤

當家長購買食物及飲品時，需要留意食物營養標籤，了解食物及飲品含果糖份量。在營養師的角度，應該少於全日攝取的卡路里的 10%，甚至少於 5%。而美國心臟協會建議小朋友每日攝取糖的份量，為每日攝取的卡路里的 100 卡，即 24 克，大約等於 6 粒方糖。在營養學角度並沒有一種糖是比另一種糖健康的，故家長購物時，可以留意有否出現以下字眼，同時留意它們的含量，便可以減少吸收果糖量：

• 果糖	• 楓葉糖漿
• 高果糖玉米糖漿	• 黑糖蜜
• 蜂蜜	• 椰子花糖
• 龍舌草糖漿	• 棕櫚糖

吃水果無害

雖然過量攝取果糖對身體無益，但吃新鮮水果則沒有害處。陳秋惠說水果含有果糖，但不用擔心，因為水果中含有豐富的纖維，而且卡路里含量低，維他命及礦物質含量豐富，進食整個新鮮水果 (可以的話連皮一起進食)，不會有害。水果的糖並非添加糖，所以不會有不良的影響。陳秋惠建議，2 至 5 歲孩子每日應進食一份水果；6 歲或以上孩子，每日應進食 2 份水果。

1 份水果
1 個中型蘋果
2 個奇異果
半條香蕉
1 湯匙提子乾、杏甫乾、無花果乾 (不添加任何糖份)
180 毫升果汁 (用水稀釋才飲用)

添加糖漿

坊間許多果汁店或餐廳的果汁，為了增加果汁的甜味，會在果汁內加入果糖、玉米糖漿、蜂蜜等，陳秋惠認為這樣並不健康，所以不建議大家飲用。即使是濃縮果汁用水開稀了，但始終含果糖量高，也不建議飲用。

陳秋惠説，始終給孩子食用整個新鮮的水果最為理想，家長可以選擇一些含果糖量低的水果給孩子進食，如蘋果、牛油果、香蕉、士多啤梨、藍莓等，這些水果含果糖量低，適合孩子進食。

不宜飲果汁

很多家長都會給孩子飲用果汁，不論是鮮榨、濃縮或添加糖的果汁。家長多認為給孩子飲用任何類型的果汁，都較汽水或其他飲品有益，尤其是鮮榨果汁，認為鮮榨果汁來自新鮮水果，含豐富營養，但事實卻非如此。

陳秋惠表示，果汁即使是鮮榨的，已經把纖維素過濾了，而且每杯果汁會用上不只一個水果榨取汁液，會令飲用的孩子吸收大量果糖，以鮮榨不加水的橙汁為例，100 克的橙含有 9.4 克果糖，但一杯 180 毫升的橙汁，便含有 15 克果糖，加上果汁的纖維已被過濾，濃縮的果汁是果糖的來源，所以，絕不建議以果汁代替新鮮水果。

水果含果糖份量

特別挑選了 10 種大家常吃的水果，以每 100 克計算，看看每種水果含果糖的份量，以便家長挑選。

水果	每 100 克含果糖	水果	每 100 克含果糖
提子	15.5 克	梨	9.8 克
荔枝	15.2 克	橙	9.4 克
芒果	14.8 克	奇異果	9 克
香蕉	12.2 克	西瓜	6.2 克
蘋果	10.4 克	士多啤梨	4.9 克

健康果汁

如果家長想給孩子飲用果汁，但不希望他們吸收過量果糖，可以考慮使用 1 至 2 個水果，加一些蔬菜榨汁，這樣的果汁含果糖量低，適合孩子飲用。

B食水果
要講究時間？

專家顧問：黃榮俊 / 資深營養師

政府大力宣傳「每日 2+3」，建議每人每日應進食至少兩份水果及三份蔬菜。對於不同年紀的寶寶而言，最佳的水果進食量應是多少？另外，不同時間進食不同水果，是否可達至不同效果？看看資深營養師的解說。

不同階段 不同份量

　　食水果好處多，不但可吸收豐富營養，更有助訓練寶寶的口腔肌肉、咀嚼能力、提升吞嚥協調能力等。資深營養師黃榮俊（John）表示，一般而言，寶寶可於 6 個月大開始試食水果。「當寶寶日漸長大，母乳或配方奶漸漸不能滿足他們的營養需要，需要於四至六個月開始加固，以增加整體上的營養吸收。此時，可以逐步加入水果，有助寶寶攝取足夠的維他命、礦物質、纖維等。」以下列出不同階段，寶寶進食水果的進程：

• 4 至 6 個月大

　　寶寶每天食水果 1 至 2 次，從每次約 1 茶匙開始，慢慢增至約 1 湯匙；此階段可將水果製成果蓉，包括蘋果、啤梨、香蕉、木瓜等。

　　John 提醒，一些甜度較高的水果，如西瓜、芒果和提子，不適宜於此階段進食，因有可能減低寶寶的食奶意慾，亦有機會影響腸道，引起腹瀉情況。另外，一些容易引起過敏的水果，如士多啤梨、奇異果等，應待寶寶年紀較大、腸道系統建立得更成熟時再嘗試較佳。

• 7 至 9 個月大

　　寶寶每天食水果 1 至 2 次，每次 1 至 2 湯匙；此階段可將水果打汁，如蘋果汁、雪梨汁、啤梨汁、蜜桃汁等，讓寶寶飲用。

• 10 至 12 個月大

　　寶寶食水果的次數維持每天 1 至 2 次，份量可增至每次 2 至 3 湯匙；可進食的水果種類逐漸增加，如寶寶沒有出現因水果引起的過敏及腸道不適，此階段可食橙、蘋果、梨、木瓜、火龍果等。另外，可將水果切成小粒，讓寶寶自行進食，從中訓練手部協調、咀嚼能力。

• 2 歲或以上

　　寶寶每天食水果 1 至 2 次，每天可食半個至 1 個水果。

不同時間 不同食效

　　相信很多人都有一個習慣，就是飯後食水果，認為有助消化吸收。其實，水果不一定要待飯後食，在不同的時間進食不同的水果，可以達至不同的效果。一般而言，為免影響正餐，水果應

寶寶從 6 個月大開始，便可逐步加入水果進食。

在餐與餐之間進食。另一方面，水果可被視為健康小食，以取代油、鹽、糖份較高的零食。以下列出適合不同時間進食的水果，爸媽可作參考：

適合飯前食

- 水份高、較飽肚的水果，可為身體提供能量，有助充飢
  例子：香蕉、橙、梨等
- 酸度較高的水果，可幫助胃口欠佳的寶寶，達至開胃效果，幫助主餐消化和吸收
  例子：橙、奇異果、菠蘿等

適合飯後食

- 果酸、維他命 C、鐵質等含量高的水果，飯後食有胃酸協助消化，吸收效果更佳
  例子：橙、奇異果、士多啤梨、車厘子、西瓜等

適合睡前食

- 含豐富鈣質、維他命 B 雜或葉酸的水果，可幫助睡覺荷爾蒙分泌，放鬆情緒，有助入睡
  例子：鈣質較高的香蕉，維他命 B 較多的蘋果

讓寶寶進食多種水果，可吸收更多不同的營養。

- 高纖水果，有助腸道蠕動，可安排於睡前兩小時前進食，有助
  寶寶翌日起床後排便
  例子：蘋果、香蕉、火龍果

不同顏色 不同好處

　　食水果除了考慮時間，其實不同顏色的水果，也有不同好處。
John 建議，可因應想要的營養效果，安排寶寶進食不同水果。

- **紅色水果：**含豐富胡蘿蔔素及茄紅素，有助維持免疫系統與上
  呼吸道健康；茄紅素特別具抗氧化，有助保護視力
  例子：蘋果、士多啤梨、西瓜、車厘子
- **橙黃色水果：**含豐富維他命 A、C，對免疫系統有好處，有助
  預防傷風、感冒
  例子：橙、芒果、菠蘿
- **白色水果：**含豐富水份及纖維，可飽肚，亦有助腸道蠕動
  例子：梨、香蕉
- **綠色水果：**含豐富葉酸及鐵質，有助維持神經系統健康、預防
  貧血
  例子：奇異果
- **紫藍色水果：**高纖、含豐富花青素，有助增強抵抗力、保護血
  管、改善眼睛健康
  例子：藍莓

食得安心

正確清洗水果

專家顧問：文嘉敏／香港高等教育科技學院食品與健康科學學系講師

　　水果味美且營養價值高，但水果的外皮容易潛藏細菌、塵埃以及殘留農藥，因此，在清洗時必須小心注意。尤其給孩子進食，更加要小心處理。此外，不少家長為孩子預備食物盒帶回學校進食時，也會放進一些時令水果，在貯存方面，又有何細節需要注意？本文香港高等教育科技學院食品與健康科學學系講師文嘉敏為大家一一詳細講解。

不同水果清洗各異

　　水果的種類繁多，不同水果有不同的清洗方法，文嘉敏表示，根據食安中心的指引，加上他們過往也曾進行過一些實驗，研究到底如何清洗水果最好呢？結果發現，最有效的方法其實就是最簡單的方法，利用普通流動的清水去清洗效果最為理想。以下是清洗不同水果的一些建議，爸媽不妨作參考。

大型水果：火龍果

粗糙外皮要洗乾淨

　　一些大型水果，如火龍果及蜜瓜等的外皮比較粗糙，也特別污糟，容易積聚細菌塵埃，建議除了沖洗外，可用一個刷子將罅縫清洗乾淨，然後才切開食用，這樣就可以避免切開水果時將細菌及污染物帶到果肉位置。

清洗方法

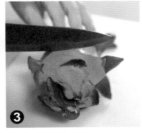

❶ 先用軟刷輕擦外面厚皮。

❷ 用流動的清水沖洗整個火龍果。

❸ 去皮後可食用。

貯存方法：跟蘋果等中型水果相若。

蜜瓜及西瓜等大型水果的清洗及貯存方法相若。

中型水果：蘋果

頂部底部摺紋最藏菌

　　留意蘋果的頂部和底部位置都有一些摺紋，這些位置容易潛藏細菌、塵埃以及殘留農藥，清洗時要特別注意。此外，蘋果表面好像有一層蠟的物質，其實這並非蠟，而是一層澱粉質的保護膜，塗上去的作用是希望在運輸過程中保存得更佳。這層物質其

實是可食用，屬水溶性，一般只要用清水便可沖走。

清洗方法

① 先用軟刷輕擦頂部和底部位置的摺紋。

② 用流動的清水沖洗整個蘋果，再用 40 至 50 度的溫水清洗一下。

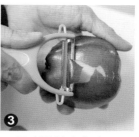

③ 一般建議削皮後食用。

貯存方法

① 如果小朋友帶蘋果回學校食用，年紀較大的建議原個連皮帶回學校，但要確保孩子懂得自行清潔蘋果及自行清潔雙手才進食。

② 若是年紀較少的孩子，家長可預先替他們去皮及切粒。

③ 在果肉上加點檸檬汁，檸檬所含的維他命 C，可避免蘋果肉生銹變啡的情況出現。密封後放入雪櫃冷藏。

④

如果給小朋友帶回學校食用，最理想是學校要有冷藏的地方能將蘋果盒存放妥當，待進食時才拿出來為佳。

* 雪梨、啤梨等中型水果的清洗及貯存方法相若。

留意殘留農藥位置

小型水果：藍莓　切掉頂部較硬位置

藍莓含有豐富的花青素，小巧精緻，甜酸度適中，是不少大小朋友的至愛水果之一。清洗時要留意藍莓的頂部較硬，也是較易潛藏細菌、塵埃以及殘留農藥的位置，可先將它切掉才食用。

清洗方法

❶ 用流動的清水沖洗。　❷ 再用 40 至 50 度的溫水清洗一下。　❸ 清洗後將頂部切走。

貯存方法：跟蘋果等中型水果相若。

*提子、士多啤梨等小型水果的清洗及貯存方法相若。

清洗水果 DOS & DON'TS

網上有不少教授清洗水果的方法，坊間也有人教授利用不同的工具及材料清洗，到底是否正確？且聽專家逐一拆解。

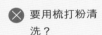 ✖ 要用梳打粉清洗？

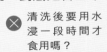 ✖ 清洗後要用水浸一段時間才食用嗎？

 ✖ 要用熱水清洗？

水果可以貯存多久？

答案：不需要。經實驗證明，清洗水果時使用梳打粉，跟使用流動的清水清洗並沒有明顯的分別。

答案：不需要。其實使用流動的清水清洗，過程中已可清走大部份的雜質，不用將水果於水中浸泡太久。

答案：不需要。過熱的水反而會破壞水果的營養，一般只需要攝氏 40 至 50 度的溫水清洗一下即可。

答案：買回來未切開完整的水果主要看質量，如果熟得特別快的不能放太久，建議盡快食用。若清洗乾淨，保存在密封的食物盒內的，也應兩至三天內吃完。

熱量來源

米飯不必戒

專家顧問：黃蔚昕 / 澳洲註冊營養師

　　近年來有一論調建議大家減少吃米飯，吸收太多澱粉質對身體有害。但是米飯是熱量的主要來源，在小朋友成長過程中攝取足夠的熱量，有助他們成長及發育。其實，只要食得其所，日常減少進食零食，小朋友每餐進食半碗至大半碗飯也沒有問題的。

熱量的來源

很多人認為米飯沒有益，會提升血糖，所以，近年很多人嘗試戒食米飯。但澳洲認可營養師黃蔚昕表示，米飯中含有碳水化合物，並含豐富的澱粉質，是為我們提供能量的主要來源。米飯中還包含植物性蛋白質、膳食纖維、維他命 B1 至 B6、碳水化合物等。五穀類食物在食物金字塔中的最低層，進食量應該是最多，它們是熱量的主要來源，佔全日總熱量攝取的 55 至 70%。

小朋友在成長的過程中必須要攝取足夠的熱量，熱量能夠幫助他們成長及發育。米飯是較容易被消化的碳水化合物，特別是白米飯，可以為小朋友提供即時的能量來源。

各種米飯營養

於市面上我們可以接觸到不同的米飯，它們含有不同的營養素，現分述如下：

種類	特徵	營養成份
白米	是收成後經加工，去除外殼及胚芽，剩下胚乳，即中間部份，這便是白米。	含有澱粉質、熱量、少量蛋白質、精製加工的膳食纖維及微量維他命及礦物質。
紅米 / 糙米	是稻米脫殼後的原粒米粒，米糠胚芽皮層部份。	當中含有豐富膳食纖維，含有更多微量元素，包括維他命 B、鎂、鋅及磷。紅米的紅色具抗氧化功能，是花青素的來源，它含有較多鐵質。
黑米	黑米通常有分糯性或非糯性，而具有糯性的黑糙米就是黑糯米（又稱紫米）。	它的黑色含有很高的抗氧化物花青素，而蛋白質含量比白米及糙米高 1.5 倍。

過量會影響食慾

　　雖然米飯能夠為小朋友提供熱量，幫助他們成長及發育，但是家長也不可以每餐給他們進食過多米飯，否則會影響小朋友的食慾，減少進食其他食物，影響他們吸收其他營養。於每餐中，小朋友除了會進食米飯外，還會進食其他食物，例如魚、肉類及蔬菜，它們都含有豐富的營養素，魚及其他肉類也是重要營養的來源，它們含有蛋白質，能夠幫助小朋友生長，增強他們的體力。蔬菜方面，是其他膳食纖維的來源。

　　黃蔚昕認為，倘若每餐進食太多米飯，有機會影響食慾，令小朋友減少了進食其他食物，從而令他們未能在其他食物中攝取不同的營養素，導致營養不均衡，影響小朋友的發育。以幼稚園階段 2 至 6 歲的小朋友而言，他們每餐可以進食 3 至 4 份五穀類食物，一份為 1/5 湯匙至 1 湯匙的份量，即他們每餐可以進食半碗至大半碗米飯便足夠。

不需要戒掉吃米飯

　　現時很多人擔心進食米飯不健康，擔心米飯會影響血糖的穩定程度，而且進食米飯後會增加睡意，因此，有些人會戒掉吃米飯的習慣。黃蔚昕表示，其實不需要戒掉進食米飯的，原因是澱粉質是熱量主要來源，小朋友有充足的熱量才能夠幫助發育及成長。如果小朋友未能攝取足夠的熱量，有機會導致他們體重過輕。

家長如想為小朋友戒掉米飯，最重要考慮戒掉的原因，是否因為小朋友的體重超標，或是因為影響他們的專注力。

戒掉零食

倘若家長因為小朋友的體重超標而為其戒掉米飯，家長應該留意小朋友的飲食習慣，可能是因為他們日常進食太多零食、蛋糕及甜品，從此等食物中吸收過多的熱量，導致小朋友的體重超標，與進食米飯沒有關係。

家長可以給小朋友嘗試進食含豐富纖維的紅米，由於紅米較硬，小朋友未必一下子能接受，家長可以嘗試逐少在白米中加入紅米，讓他們慢慢適應。另外，日常以麥包代替一般的麵包，此等食物有助穩定血糖並含有膳食纖維，可以幫助食後之能量能穩定地供應給腦部，飯後亦能降低睡意。

注意烹煮方法

此外，家長亦要注意日常烹煮的方法，盡量減少使用油、鹽、糖等調味料，外賣食物時，亦盡量減少購買焗飯或炒飯，原因是這類食物使用較多油份來烹煮，味道亦較濃，當小朋友習慣進食濃味食物後，便不再願意進食較清淡的食物。

家長亦可以烹煮雜穀飯給小朋友進食，當中包括有紅米及糙米，它們的外殼會較硬，小朋友未必接受，家長可以將它們與白米混合烹煮，逐少加入白米當中，當小朋友接受了，可以增加份量。小朋友可以從紅米及糙米中吸收其他不同的營養素，幫助他們成長。

嘗試其他食物

除了可以從米飯中攝取熱量，家長亦可以給孩子嘗試進食其他能提供熱量的食物，例如意粉、米粉、通粉等。1/3 碗以上的粉類便等同 1 份五穀，半片方包等同 1 份五穀。於根莖食物方面，番薯、薯仔、粟米也可以提供熱量。一個如雞蛋大小的薯仔或番薯便等同 1 份五穀，於超級市場購買一包有 3 條的粟米，1 條便等同 1 份五穀。

一些全穀物或優質澱粉質食物也可以代替米飯，全穀物食物有麥片、燕麥、麥包、通心粉、米粉及意粉。至於優質澱粉質有蔬菜番薯、薯仔、芋頭及粟米等。

益生菌

成長必須微生物

專家顧問：溫樂茵 / 註冊營養師

　　近年大家開始注意到益生菌對人體的重要性，不過，大家對它的認識可能只是皮毛，只知道益生菌對腸胃健康有幫助，其實益生菌的益處不只於此。益生菌除了能促進腸胃健康，更可以改善心理健康、增強免疫力，更可以幫助營養吸收、發育成長，甚至提升學習能力，所以，是孩子成長必須的活性微生物。

促進腸道菌種平衡

　　營養師溫樂茵指出，世界衛生組織（WHO）將益生菌定義為任何可以促進腸道菌種平衡，增加宿主 (人體或動物) 健康效益的活性微生物。益生菌天然地存活於宿主體內，與我們的健康關係密切。

克制壞菌

　　人體腸道健康有賴菌叢的平衡，而益生菌有克制壞菌的作用。益生菌有多方面好處：

❶ **促進腸道健康：**恢復腸道中益菌和壞菌平衡，改善排便不順，同時減少因服用抗生素或水土不服而引起的腹瀉。

❷ **改善心理健康：**可以減輕壓力、焦慮、抑鬱，有助改善集中力。

❸ **增強免疫力：**提升免疫力，對於抵擋病菌入侵有幫助。

❹ **改善敏感肌膚：**父母最關心就是孩子的健康問題，每當寶寶便秘，排便不佳，又或是皮膚過敏，出現濕疹或紅疹時，都會令父母擔心，而益生菌對於改善此等問題有幫助。

❺ **營養吸收：**益生菌亦有助營養吸收、發育成長，甚至有助改善情緒及加強學習能力。

受各方面改變

　　腸道細菌可簡單分為益菌、害菌及中間菌。益菌可以促進健康；害菌則對人體不利；中間菌平時沒有害，但當人體抵抗力弱時，它們會伺機而動，趁機作亂。嬰兒自出生以後，原本無菌的腸道，便開始慢慢累積龐大數量的腸道菌叢，這些細菌組成會隨着飲食、環境、壓力、作息、年齡、疾病或藥物而改變。

影響健康

　　倘若孩子缺乏益生菌，會為他們帶來以下 2 方面的影響：

❶ **毒素積聚：**腸胃是吸收營養素與排解廢物的重要器官，因此，腹瀉時會影響營養吸收。如果孩子長期便秘的話，則會導致毒素積聚，改變腸道細菌叢的生態，進而影響健康。

❷ **影響營養吸收：**孩子缺乏益生菌容易影響營養吸收，導致發育遲緩，甚至影響情緒及學習能力，與孩子的健康有密切關係。

有需要便補充

　　嬰兒在 3 至 14 個月大時，為腸道菌相發育期；約在 3 歲大時，菌相已發育成熟，並與成人的菌相接近。若能在此時建立良好的菌相，對於未來健康有保障。

　　嬰兒在出生首 1,000 日就是腸道菌群建立的黃金時期，於此時補充益生菌能有效減少身體出現過敏反應的機會，特別是經剖腹生產的寶寶及進食配方奶粉的寶寶，因為沒有從產道或母乳中獲得所需要的益生菌，所以便需要在出生後額外補充。若媽咪在懷孕期或授乳期服用益生菌，都能及早為寶寶的腸道打好基礎，並提升母乳的質素，減低寶寶出現過敏的機會。

注意菌株特性

　　溫樂茵表示，服用益生菌補充品或飲品時，一般需要注意溫度不要過高，不可以超過攝氏 40 度，否則影響益生菌數量。另外，益生菌只是統稱，菌株不同，效果亦不相同。家長為孩子揀選益生菌時，可以留意以下兩點：

❶ **專利菌株及科研實證：** 建議選擇擁有專利菌株及科研實證的產品更為安全，可追溯菌株特性，更有嚴謹的臨床實驗，以及豐富的研究文獻佐證其安全和功效。

❷ **挑選粉狀益生菌：** 益生菌需要長期服用才可發揮功效，因此，家長在選擇時，「方便」是個非常重要的考慮因素。粉狀的益生菌可以溶於水中，除了可以直接服用，也可以讓孩子配合開水、牛奶或果汁一起飲用，增加孩子服用益生菌的意願。

沒有國際標準

　　至目前為止，並沒有一個國際標準列明孩子每日需要吸收多少份量的益生菌。其實能在腸道定殖的益生菌數量有一定限度，過量益生菌菌數也未必能全數發揮作用。市面上標榜益生菌含千億量的產品，要注意其菌株是否有抗酸耐熱測試，使益生菌能定殖於腸內。同時，應選擇對有效的菌株及拒絕含色素、蔗糖、調味劑等添加劑的益生菌。

任何年齡人士適合

　　益生菌並沒有限制食用年齡，如果家長擔心初生嬰兒不方便

乳酪含益生菌量豐富，對腸胃有益。

吞嚥，市面上有益生菌產品可以溶於水中，可加入日常飲品給嬰兒一同飲用。嬰兒 6 個月大，開始進行固體食物時，可以服用少量益生菌，增加其腸道的益菌。長者如經常久坐不動、缺乏運動，容易導致排便不順的情況，可以給予他們服用益生菌，有助改善問題。腸道細菌會隨着飲食、環境、壓力、作息、年齡、疾病及藥物而改變，無論嬰兒至長者，都需要益生菌以保持腸道菌叢平衡及健康。

含益生菌食物

益生菌常見於發酵食物中，如乳酪、芝士、酸菜、泡菜等，但並非所有發酵食物都含有益生菌，同時需要留意部份醃製食物含有大量鈉質，故此建議適量進食。

第二個腦

腸是人的「第二大腦」，當中佈滿 5 億以上神經細胞。近代醫學發現腸道菌叢與人類大腦之間原來有着緊密的關聯性，腸道與大腦一樣能分泌各種荷爾蒙，並透過腸 - 腦軸線 (gut-brain axis) 與腦部互相「對話」及影響。

腸道的健康狀況有可能影響人的情緒及心理健康。多種讓人情緒愉快的激素，如多巴胺和 5- 羥色胺，都是在腸道內合成的。因此，大部份人類情緒及心理狀態很可能通過腸 - 腦軸，受腸道微生物影響，甚至連被稱為大腦中的幸福分子的血清素（serotonin）也是由腸道所分泌，血清素與情緒調節、睡眠、食欲及集中力也有關係。

改善腹瀉
益生菌幫到手

專家顧問：雷嘉敏 / 英國註冊營養師

現代人越來越重視健康，近年除了各種維他命，益生菌 (Probiotic) 也開始受到關注。這些腸道益菌不但有助人們保持身體健康，更可改善乳糖不耐症、腹瀉，就連難以根治的濕疹，益生菌都可起一定作用。

英國註冊營養師雷嘉敏 (Kaman) 表示，根據世衞定義，益生菌是微生物，當適量的進入人體內，便對健康有利。最常見的益生菌有乳酸桿菌及雙歧桿菌，它們都有一個共同特質，就是能夠抵抗胃酸及膽汁，直達腸道，抑制惡菌在腸道肆虐。

利腸道健康

益生菌的好處多多，其中最顯著的一項是改善腹瀉。Kaman 引述研究稱，一些益生菌可減低寶寶發生急性肚瀉的機會，以及由輪狀病毒所引起的腹瀉。寶寶的免疫系統未發展成熟，輪狀病毒對他們具一定威脅，容易引致發燒、腹瀉、嘔吐等，嚴重者甚至有生命危險。

可減少肚瀉

除此之外，肚瀉亦有可能由服食抗生素引起，因為抗生素會將好、壞菌一併殺死，有機會擾亂人體腸道平衡，從而引起腹瀉。有研究指出，同時進食益生菌，可減少肚瀉情況。所以，建議服食抗生素者，可進食適量乳酪或益生菌補充劑，以紓緩情況。

乳糖不耐症

有些小朋友飲完牛奶後，可能出現胃氣脹、腹瀉等情況，這或源於他們體內缺乏分解乳糖的酵素，亦即「乳糖不耐症」。Kaman 建議可嘗試進食乳酪，因為在製作乳酪的過程中，益生菌會利用牛奶中的乳糖發酵，換言之，乳酪所含的乳糖相對較少。理論上，乳糖不耐症患者進食後不會有太大反應。另外，益生菌會分泌出分解乳糖的酵素，同樣有助改善乳糖不耐症的情況。

增強抵抗力

無論好菌抑或壞菌，都要黏附在腸道黏膜才能生存。有研究指出，益生菌可產生物理屏障，保護腸道黏膜，使之不易受害菌傷害。當益菌進入身體之後，則會利用腸道的養份不斷繁殖，當益菌數量越多，害菌隨之就會餓死而數量減少，從而達到保護腸道之效。同時有研究發現，某些益生菌會製造增強人體抵抗力的物質，有助調節免疫系統，令人體健康。

助改善濕疹

　　香港天氣潮濕悶熱，不少人飽受濕疹之苦，皮膚出現紅腫、痕癢，甚至脫皮、流膿。Kaman 引用研究指，如寶寶有家族敏感病史，媽媽可在產前或餵母乳時服食益生菌，寶寶日後患濕疹的機會可減一半。雖然相關研究不太多，但至少證明，益生菌對改善濕疹有一定作用。此外，益生菌對小兒腸絞痛、便秘（除因缺乏水份、纖維而引起的便秘）等都有幫助。

越多 ≠ 越好

　　雖然益生菌對人體健康有益，但並不代表越多越好。Kaman指出，人體腸道內有數百種微生物，形成一個微生態系統，每種細菌共存共生，講求比例適當，以達致平衡狀態。如果菌種太多，可能擾亂腸道平衡，不但難以發揮益生菌本身的好處，更有機會造成腸道負擔，產生腸胃氣體或引致腹瀉。

選有文獻支持的菌種

至於要食用多少益生菌才能有益健康,目前未有定論,Kaman 解釋,因為每個人的身體狀況都不同,諸如壓力、生活習慣等都會影響腸道微生態。如欲服食益生菌補充劑,建議服食能夠抵抗胃酸、膽汁,直達腸道的菌種;另外,也可選擇有文獻支持、對人體健康有利的菌種。

別忽視益生元

除了益生素,益生元 (Prebiotics) 對人體健康同樣重要。益生元是一些碳水化合物中的纖維素,例如膳食纖維或果寡糖,儘管人體消化不了,但卻是細菌的食糧,有助益生菌繁殖和生長,從而促進人體健康。以下分別列出 4 種含有益生菌和益生元的天然食物,讓爸媽們參考:

❶ **含益生元天然食物:** 高纖或全穀類食物都含有益生元,如燕麥、蕎麥、大蒜、洋葱、各種水果等。當寶寶開始加固,爸媽可根據他們的喜好,將這些食物加入餐單,有利腸胃健康。

❷ **母乳:** 要增加寶寶體內的益生菌,最佳的天然食物是母乳。母乳含豐富營養,不但含有不同品種的益生菌,更有母乳低聚糖 (Human Milk Oligosaccharide,簡稱 HMO),為益生菌提供養份,有助增加體內益生菌數目,防止壞菌當道,從而提升免疫力。

❸ **乳酪:** 乳酪同樣含有大量益生菌,美國兒科學會建議,6 個月以上寶寶可進食乳酪,除非有過敏反應,否則可放心食用。Kaman 建議爸媽為寶寶選擇乳酪時,應留意營養標籤,盡量避免添加了糖份、防腐劑、人造色素等的產品。Kaman 表示,其實原味乳酪是最好的選擇,可加入水果一同食用,吸收更多維他命,對寶寶的整體健康都有好處。

❹ **芝士:** 同是發酵食物的芝士,都含豐富益生菌。但若寶寶小於 1 歲,應選擇完全成熟及經過巴士德消毒的芝士;鈉質含量不宜過高,每 100 克芝士內不超過 600 毫克;成份天然、不要選擇含有人造色素或防腐劑的產品。另外,市面上不少乳酸飲品都含有益生菌,Kaman 提醒爸媽們留意營養標籤,糖份含量不宜過高。

植物奶
可代替牛奶？

專家顧問：張德儀 / 營養學家

　　近年植物奶越來越流行，很多人都會買植物奶來試試，在各款植物奶之中，以燕麥奶和堅果奶最受歡迎，近年更出現了堅果奶手搖飲品的專門店。那麼植物奶是否適合小朋友？是否可以替代牛奶？又為甚麼這麼受歡迎？本文營養學家為我們分析植物奶的營養，以及如何選擇。

環保健康 植物奶潮流

　　植物奶對香港人來說並不是新產品，事實上，大家在飲食上可能一直都有接觸，例如豆奶飲品或是以豆漿粢飯作為早餐的配搭。近年，由於市面上多了不少植物奶的選擇，加上大家亦開始了解到牛奶製造的過程涉及大量的碳排放，開始流行素食文化，因此越來越多人選擇植物奶。此外，不少人因為牛奶當中的脂肪和乳糖引起腸胃不適，而改為選擇植物奶。

　　營養學家張德儀表示，植物奶與牛奶一樣呈奶白色，事實上植物奶完全不含任何牛奶成份，而是由植物提煉出來，比較常見的有大豆、燕麥、杏仁、米等。不少人認為植物奶比牛奶更為健康，同時更為環保。對牛奶敏感的人而言，是不錯的選擇。

點解要揀植物奶？

　　植物奶對不少香港人而言都比較陌生，各位爸爸媽媽在選擇時都會有所疑慮，不知道是否可以代替牛奶。事實上，牛奶未必適合所有人，營養學家張德儀表示，以下是植物奶的其中 4 個好處。

1.　不含乳糖

　　乳糖是牛奶及奶製品中的其中一種天然糖份，患有乳糖不耐症的人士，會因為身體不能消化牛奶中的乳糖而引起腸胃不適，例如胃氣漲、腹漲，甚至肚瀉。不少人都有乳糖不耐症，有這徵狀的人士建議可選擇不含乳糖的植物奶替代。

2.　不含牛奶蛋白

　　身體免疫系統誤以為牛奶蛋白是入侵的病源，是部份人對牛奶過敏的原因，他們飲用牛奶會產生一連串的過敏反應，例如肚瀉、蕁麻疹及濕疹等，嚴重的更可引至氣管收縮。而不含牛奶蛋白的植物奶，就可以避免引起牛奶過敏。

3.　不含激素、抗生素

　　生產植物奶的過程沒有傷害任何動物，更不需要額外添加激素或抗生素。相反，在飼養牛隻的過程，往往因為要增加牛的奶量而使用激素，甚至使用抗生素預防牛隻患病。近年有研究指出，這些添加物有機會殘留在牛奶中，會引至健康問題，令人對抗生素產生抗藥性。

4. 更環保的選擇

　　生產植物奶所需要的土地和水資源都較少，涉及的溫室氣體排放亦大大減低。相比起牛奶，植物奶的碳排放更低、更環保，而且可以減低對動物的傷害。牛奶並不是小朋友的唯一選擇，只要選擇適合的植物奶，照樣可以提供充足營養素。

用途廣泛 人人都適合

　　植物奶有很多種，除了上述提到的杏仁奶、燕麥奶、豆奶、米奶和藜麥奶以外，更有椰奶和合桃奶等，針對不同人士，可以有不同的選擇。此外，在原味以外，市面上亦推出了多款口味，以燕麥奶為例，便有朱古力口味，即使是植物奶也可以享受多樣的風味。牛奶廣泛使用在製作各式各樣的甜品和菜式之中，對牛奶過敏的人士而言，簡直是避無可避，植物奶又是否可以入菜，幫助解決這個問題？張德儀表示，現時市面上不只有可以飲用的植物奶，更推出了專為煮食而設的無糖植物奶。無糖的植物奶可以用於製作飲品或甜品上，讓環保人士、牛奶過敏的人士有多一項選擇。

正餐配合 攝取影響不大

　　植物奶是否可以完全替代牛奶？張德儀表示如果是嬰幼兒，便要先諮詢醫生或註冊營養師，再去選擇適合的全營養嬰幼兒配方。而幼童就只要有正餐配合提供營養，再加上合適的植物奶，就絕對可以為小朋友提供足夠的營養。植物奶當中，以豆奶的蛋白質含量最接近牛奶，營養師提醒家長要記得選購已經添加鈣質的植物奶。

　　部份家長可能擔心植物奶和牛奶相比，營養有所落差。營養師表示，雖然上述幾款植物奶的蛋白質含量較牛奶低，但其實只要正餐攝取正常，就毋須特別擔心。2 至 5 歲的孩子每天只需要 1 至 3 份蛋白質，以一份小朋友常見的早餐為例，1 份無糖穀物早餐脆片加上 1 杯杏仁奶，已經可以為小朋友提供大約 1 至 1.5 份的蛋白質，可見植物奶對他們的營養攝取沒有太大影響。

依需求選擇 切合不同需要

　　營養學家張德儀表示，植物奶提供的營養素各有不同，家長記得要了解自己及家人的口味及營養需要，才選擇適合的植物奶。

米奶有天然米香及甜味，適合對牛奶蛋白或是堅果等食物過敏的人；杏仁奶有溫和的堅果味之餘，口感濃稠幼滑，同時可以幫忙補充維他命 E；燕麥奶方面，則天然燕麥甜味，口感幼滑，家長可以視乎孩子的口味和需要選擇。

植物奶營養大比拼

不同的植物奶有不同成份，營養價值也會有所不同，家長在選擇前可以先留意它們的成份。以下由營養學家張德儀比較 4 款植物奶的營養，以及相比牛奶有甚麼優點，供各位家長參考：

	杏仁奶	燕麥奶	豆奶	藜麥奶
味道及質感	溫和堅果味，相對濃稠幼滑	帶有天然燕麥甜味	濃厚幼滑，帶有淡淡的豆香	溫和的藜麥清香及天然甜味
營養優點	1. 低卡路里	1. 飽和脂肪含量低	1. 優質的蛋白質來源	1. 不含 8 種常見的食物致敏原
	2. 無糖杏仁奶卡路里比脫脂奶更低	2. 含有水溶性纖維 β-葡聚醣，有益心臟和腸道	2. 飽和脂肪含量低	2. 飽和脂肪含量低
	3. 有豐富的維他命 E	3. 通常會添加維他命 D、B2、B12 和鈣質	3. 通常會添加維他命 A、D、B2 和鈣質	3. 適合對大豆和堅果過敏人士
	4. 通常有添加維他命 D 和鈣質			
	5. 飽和脂肪含量低			
	6. 一些品牌的杏仁奶鈣質含量比牛奶高五成			

營養師推薦：2 款植物奶甜品食譜

植物奶不單可以飲用，更可以用來煮菜或是製作甜品，以下 2 款由營養學家張德儀推介的甜品和調味飲品食譜，各位家長可作參考，為小朋友自製簡單又好味的甜品。

燕麥奶朱古力慕斯撻

材料

撻底：

燕麥	124 克
斯佩爾特麵粉 / 全麥麵粉	30 克
泡打粉	1 茶匙
鹽	1/2 茶匙
楓糖漿	79 克
油	2 湯匙

餡料：

朱古力粒	200 克
熟牛油果	3 個
去核軟椰棗	74 克
專業沖調用燕麥奶	120 毫升

註：2 至 3 人份量

做法

撻底：

1. 預熱焗爐至 180℃，將牛油紙放在撻模內。
2. 將燕麥放入攪拌機打至粉狀。
3. 將其餘餡料和燕麥一起拌至均勻。
4. 將麵糰放在撻模內壓平，然後用 180℃焗 15 分鐘，放涼及備用。

餡料：

5. 朱古力粒隔水溶化。
6. 將朱古力粒和其餘餡料放入攪拌機攪拌至幼滑。
7. 在撻底放涼後，將餡料放進撻底和掃平，再冷藏最少 6 小時。

選奶特點

專業沖調用燕麥奶可用來製作甜品，帶有天然燕麥甜味，口感幼滑。

植物奶的碳排放更低、更環保，而且可以減低對動物的傷害。

杏仁奶抹茶朱古力

材料

無糖杏仁奶..................... 120 毫升
椰奶 ....240 毫升
白朱古力 ....40 克
抹茶粉 .... 1 茶匙
椰糖 .... 適量
棉花糖 .... 適量
註：1 人份量

做法

❶ 於鍋中融化白朱古力。
❷ 加入椰奶和杏仁奶，以中火加熱並攪拌均勻。
❸ 加入抹茶粉再攪拌，以棉花糖作裝飾即成。

選奶特點

　　無糖杏仁奶專為飲品甜品製作而設，有溫和堅果味，相對濃稠幼滑。

植物肉
健康又環保

專家顧問：張德儀 / 營養學家、Sue Klapholz/ 營養及健康副總裁

　　近年新式植物肉興起，不少人都轉食。植物肉本身為素食，但卻有動物肉一般的味道，可作為動物肉的替代品。市面上有各種不同選擇，包括新豬肉及新牛肉，同時有不同的副產品。不少人認為新式植物肉可媲美動物肉的同時，亦是更為健康及環保的選擇。到底進食這些肉類有甚麼好處？它們與動物肉分別大嗎？本文找來家長親身進行盲測試食，並由營養師為我們一一解答。

為何選擇新豬牛？

近年新豬肉及新牛肉大為流行，聲稱可模仿真肉的口感及味道，實際上卻是素食。到底為何如此流行，人們又為何會選擇它們？其實與真肉相比，環保及健康是植物肉的 2 個最大優勢：

環保：畜牧業產生的溫室氣體遠超過全球運輸業的總和，需耗用大量珍貴的水和土地資源，惟轉化成食物的效率卻極低。全球雨林急速消失的成因之一，與大片雨林被剷平用作栽種禽畜食用的飼料有關。而新式肉類正好可消除人類對畜牧業的需求，以停止生物多樣性的崩壞，並扭轉全球暖化的趨勢。

健康：除了破壞環境，工業化畜牧業也直接影響人類的健康。加工肉類製品被列為一級致癌物，而紅肉亦被列入可能致癌物質。此外，工業化畜牧業濫用抗生素時有聽聞，全球抗生素使用量竟達 8 成用於畜牧業上，到底我們在吃食物還是藥物？無疑令大眾對飲食選擇與健康出現疑慮。

真肉新肉大比拼

新式植物肉與動物肉的分別在哪裏？進食時在口感、味道上有甚麼分別？以下請來 2 位家長為我們進行試食盲測，讓他們客觀地評比兩者的分別：

新牛肉

新豬肉

2 位家長為我們進行試食盲測。

讀者 Vivian 評價

新牛肉

	質感	味道	氣味	認為哪項為真
真牛肉	質感較好	牛的鮮味較濃	香味較濃	真牛肉
新牛肉	與真牛尚有少許差距	牛的鮮味較淡	香味較淡	新牛肉

新豬肉

	質感	味道	氣味	認為哪項為真
真豬肉	較為油膩，較脆	豬肉味較重 😊	較香 😊	真豬肉 😊
新豬肉	較不油膩 😊	豬肉味較淡	味道較清爽	新豬肉

新牛肉

讀者 Ray 評價

	質感	味道	氣味	認為哪項為真
真牛肉	較為乾	有牛味	香味相似	真牛肉
新牛肉	相對較為濕潤 😊	有牛味	香味相似	新牛肉 😊

新豬肉

	質感	味道	氣味	認為哪項為真
真豬肉	鬆軟一點 😊	比較油膩	香味差不多	真豬肉
新豬肉	質感較乾較硬	與午餐肉無異，較不油膩 😊	香味差不多	新豬肉

新豬肉疑問大解惑

　　相信各位家長對新豬肉仍有不少疑問，以下請來營養學家張德儀為我們逐一解答：

Q 進食新豬肉的好處是甚麼？

A 張德儀回應：「新豬肉系列的蛋白質主要來自植物蛋白，例如大豆蛋白。由於是 100% 植物，所以跟一般豬肉相比，無論熱量、脂肪、飽和脂肪都會較低，同時提供膳食纖維、鉀質和鐵質，無添加防腐劑。家長不需要擔心食物安全問題，例如常見於肉類的過量用藥問題，包括抗生素、荷爾蒙、哮喘藥、瘦肉精等。」

Q 如當作正餐的一部份給小朋友，在營養吸收方面有大分別嗎？或是會否比較健康？

A 張德儀回應：「英國營養師協會指出，只要做好食物配搭，素食同樣能夠維持身體健康和活力，適合任何年齡的人士。植物肉都一樣，作為一個肉類代替品，不論小朋友或成人都適合。

值得一提的是，植物肉不含任何抗生素、荷爾蒙、瘦肉精、哮喘藥等，家長不需擔心殘留藥物引起的健康問題。」

Ⓠ 對轉換素食有幫助嗎？

Ⓐ 張德儀回應：「植物肉煮法非常簡單，可直接取代菜式肉類，就可變成素食版，非常方便之餘，亦不需要學習特別的煮法，可以幫助剛開始食素的人士更容易適應。」

「新豬肉」煮食注意事項！

❶ 「新豬肉」屬於輕度調味產品，煮時調味應減半。

❷ 由於吸味較快，調好味可馬上烹調。

❸ 宜用較高火力加速「新豬肉」凝固水份和油份。

❹ 烹調時如有嚴重出水現象，則代表溫度不夠。

新牛肉疑問大解惑

面對新式牛肉，家長都有不少疑慮，包括是否適合小朋友食用，以下請來 Impossible Foods 營養及健康副總裁 Sue Klapholz 為我們詳細分析：

Ⓠ 進食新牛肉的好處是甚麼？

Ⓐ Sue Klapholz 回應：「植物牛肉的營養價值能夠媲美，甚至超越動物肉，每份不可能牛肉的蛋白質量與傳統碎牛肉不相伯仲，膽固醇含量近乎 0，不含動物荷爾蒙或抗生素，亦含有膳食纖維。滿足全球對肉類的需求，同時減少對環境的影響，能夠減少 96% 土地使用量、87% 用水量及 89% 溫室氣體排放量。」

Ⓠ 如當作正餐的一部份給小朋友，在營養吸收方面有大分別嗎？或是會否比較健康？

Ⓐ Sue Klapholz 回應：「不可能食品的使命是製作出美味可口、營養豐富而價錢相宜的可持續發展肉類，無論是大人或兒童均可食用，產品的營養價值是相同的，同樣是健康且以環保方式生產的肉類。對小朋友而言，植物牛肉的營養價值能夠媲美甚至超越動物肉，因此在營養吸收方面不會有過大落差。」

Ⓠ 對轉換素食有幫助嗎？

Ⓐ Sue Klapholz 回應：「由於植物牛肉不含任何動物成份，因此非常適合素食者。由於其味道能夠媲美動物肉，同時亦相當適合食肉獸。」

「新牛肉」煮食注意事項！

❶ 烹飪方法和動物肉一樣。

❷ 包餡食物如餃子等，可先放平底鍋上炒至金黃。

❸ 若製成漢堡扒，建議每面煎 2 至 3 分鐘，並盡快食用。

新豬肉健康煮

新餐肉泡菜炒飯 *(2至3人份量)*

材料

新餐肉	4 塊
蛋餅	2 片
白米	1 杯
純素泡菜	150 克
甘筍	100 克
粟米粒	100 克
葱	10 條
紫菜	適量
韓國芝麻	適量
韓式辣醬	適量
鹽	適量
糖	適量
油	適量

做法

❶ 將甘筍切粒，泡菜及葱花切碎備用；白飯煮熟，放涼備用。

❷ 於平底鍋中加入適量油，以中細火分別將新餐肉及蛋餅每邊煎 1 分半鐘，盛起待涼後切粒備用。

❸ 於平底鍋中加入適量油，以中細火炒甘筍粒及粟米粒至軟身，然後加入泡菜炒勻，以適量鹽和糖作調味。

❹ 慢慢加入白飯，以細火烹調，然後輕輕將白飯壓至飯粒分明，再加入適量鹽及韓式辣醬炒勻。

❺ 加入新餐肉粒、蛋餅及葱花，以中細火炒勻即成。

❻ 可加入紫菜碎及芝麻拌勻同吃，或以韓國紫菜片包着炒飯同吃。

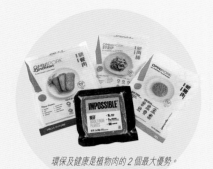

環保及健康是植物肉的 2 個最大優勢。

新牛肉健康煮

新牛肉麻婆豆腐 *(4 人份量)*

材料

不可能牛肉	1 包
硬豆腐	790 克
葱	2 條
薑	適量
大蒜	適量
辣椒醬	適量
醬油	適量
米酒	適量
四川花椒	適量
粟粉	適量
水	適量
油	適量

做法

❶ 以鹽水浸泡豆腐 20 分鐘，切成小塊備用；將葱、生薑和大蒜切碎備用。

❷ 於平底鍋中加入適量油，加入四川花椒，爆香後離火；取出花椒，花椒油放涼備用。

❸ 於平底鍋中加入適量油，加入生薑和大蒜，以中細火爆香；然後加入不可能牛肉炒勻，煮至變成褐色。

❹ 加入辣椒醬炒勻，及後加入米酒及醬油攪拌均勻；加水煮沸後，加入豆腐丁，蓋上鍋蓋煮 3 至 5 分鐘。

❺ 將粟粉與水混合，並加入鍋中，煮至醬汁變稠。

❻ 加入準備好的花椒油，並以葱點綴即可食用。

氣炸食物
少油又健康

專家顧問：李杏榆 / 註冊營養師

　　許多小朋友都鍾愛油炸食物，喜愛其脆脆的口感，以及較重的調味，可是眾所周知，油炸食物並不健康，更有致癌的風險。因此，許多家長都在尋找替代方案，而氣炸鍋食物的出現，正好可以作出替代。但氣炸食物是否真的比較健康，使用時又有甚麼需要注意，本文註冊營養師為我們仔細介紹氣炸食品的特點。

營養師建議：肉類氣炸最適合

適合食材

　　營養師李杏榆表示，氣炸原理是利用食材本身的油份烹調，較適合本身油份較高的食物，如肉類等，或是原隻雞隻。而且，用氣炸以烹調炸物，也是較為健康的方法。

不適合食材

　　她較不建議利用氣炸鍋烹調深海魚，例如三文魚，因為當中良好的脂肪酸，例如奧米加 3 脂肪酸，將會流失。

氣炸原理

　　氣炸原理是利用高溫及食物內的油份煮食，以模仿焗爐的原理，製作出熱流。煮食時，有熱空氣於氣炸鍋中循環，令食物可以均衡受熱，把油份迫出，毋須額外加油。因此，氣炸鍋料理的油份，比烤或炸食物的油份更少。

焗爐氣炸大比拼

　　在選購氣炸鍋時，不少人都會將其與焗爐作比較，以下由李杏榆從多個方面，為兩者進行比較：

	氣炸鍋	焗爐
烹調時間	需時較短	需時較長
肉質	肉質較乾柴	肉質較嫩滑
容量	體積較大，但容量不大	體積較大時，容量同樣變大
健康程度	因可迫出食物油份，相對更健康	食物的健康程度跟氣炸相似，煮食原理也相似
清潔方便	清潔方便	較不方便
煮食步驟	步驟少更方便	步驟同樣不多
價錢	較便宜，約 $300 至 $3,000	較昂貴，約 $500 至 $25,000

氣炸健康 Q&A

　　雖然氣炸鍋標榜較為健康，但早前有報道指出，氣炸鍋可能煮出致癌食物，到底氣炸鍋食物是否比較健康？以下由營養師李杏榆為我們解惑：

Q 氣炸食物會致癌？

A 營養師李杏榆回應：「不只是氣炸鍋，任何食物以高溫烹調，都可能會釋出致癌物質，因此一直都不太建議進食太多油炸食物、BBQ 食物、焦邊食物，因當中可能有不少致癌物質。相比一般炸物，以氣炸鍋烹調，相對的致癌物較少，因為它是利用食物本身內含的油脂來烹調。而坊間的炸物，有不少店家都以使用多次的萬年油烹調，除增加致癌風險之外，油炸食物更會釋出反式脂肪，令體內膽固醇增加。」

Q 可保留更多營養？

A 營養師李杏榆回應：「不管是以甚麼方式烹調，所有食物如果煮食時間較長，都有可能令營養流失。故一般利用水煮、滾湯等方式長時間烹調，營養價值將大大流失。而以高溫及短時間煮食的氣炸鍋，營養價值相對流失得較少。不過需要提醒家長，每種食材的狀況及營養不同，家長應視乎不同食材本身的特性，去決定如何烹調。」

氣炸 vs 油炸

許多人都希望以氣炸鍋食物取代油炸食物，究竟氣炸食物的優勝之處在哪裏？以下繼續由李杏榆為我們作詳細分析：

	氣炸食物	油炸食物
口感	只是模仿，無法與油炸食物的脆皮完全一樣。	可煮出鬆脆酥皮口感。
營養價值	相對較為健康，但仍不建議過量食用。	此類食物使用的油量比氣炸食物多出極多，部份店家使用萬年油，亦令其變得更不健康。
方便程度	油份多的食物直接烹調便可，油份少的則需塗上一層油。烹調步驟相對較少，可一次處理較大量食材。	需要準備大量食用油，步驟較多。同時一般家庭較難一次過油炸大量食物。
烹調時長	事前準備工夫較少，煮食時間較其他烹調方式短，但仍較直接油炸緩慢。	事前準備工夫較多，但炸的時間會較短。

營養師推薦：氣炸食譜

潮流興氣炸食物，以下由營養師推薦 2 款氣炸食物，製作方法簡單：

香草蜜糖烤雞 *(2至3人份量)*

材料

春雞 ....1 隻　　　蜜糖 ....適量
香草 ....適量　　　鹽 ....適量

做法

❶ 將雞洗淨後抹乾。

❷ 於雞的表皮及內部塗抹適量香草及鹽調味。

❸ 把雞放入氣炸鍋中，以 150℃ 氣炸約 20 至 30 分鐘，視乎雞隻大小。

❹ 雞隻取出後，於表面塗上蜜糖。

天然自家製薯條 *(2至3人份量)*

材料

薯仔 ....4 至 5 個　　鹽 ....適量
油 ....適量

做法

❶ 將薯仔洗淨切條，越幼細越香脆。

❷ 把薯條放入氣炸鍋中，於食材表面塗抹油。

❸ 以 130℃ 氣炸約 20 分鐘。

❹ 取出後，以鹽調味。

氣炸鍋保養重點：內膽勿劃花

　　究竟氣炸鍋在保養及清潔上，有甚麼需要注意的地方呢？李杏榆表示，氣炸鍋切忌劃花內膽，切勿使用銅絲刷、磨砂等方式，以免造成磨損。此外，家長不要在高溫時立刻進行清潔，應在稍稍冷卻後，先用廚房紙抹去表面的油污，再用海綿加上少許清潔劑清潔。

氣炸煮食：3 大小貼士

　　近期大熱的氣炸食物，幾乎每家都擁有一部氣炸鍋，就連超市都有專櫃放置氣炸食物，但李杏榆建議家長在氣炸食物時，要注意以下小貼士：

❶ 烹調時不加調味料，完成後再額外放置醬料，故不建議事前醃製的做法。

❷ 炸物如薯格及薯餅等，建議可以氣炸，以營造相似口感，但更健康的食物。

❸ 可利用不同的配件進行烹調，氣炸鍋於購買時，本身已附有不同的配件，家長可自行發揮。

無火煮食

輕鬆簡單易處理

專家顧問：蕭欣浩／蕭博士文化工作室創辦人

　　疫情期間，香港人留家煮食的機會增多，有別於以往的「無飯」家庭，很多媽媽都開始有不少新嘗試，一起煮食烘焙，更成為了另類的親子活動。這波煮食潮流，更帶動了不少人關注無火煮食爐具，除早前討論度極高的氣炸鍋外，多用途的電子燒烤爐及蒸氣焗爐也是其中一員，只因簡單方便快捷，又可煮出很多特色料理。以下請來美食達人為我們分析這波無火煮食熱潮，同時推薦幾款特色食譜。

近年香港較流行以電陶爐、燒烤爐、氣炸鍋及蒸氣焗爐等煮食，疫情下更催生了幾倍，甚至十幾倍的人，加入無火煮食行列。

疫情催生煮食潮

　　一直以來，香港都有不少「無飯家庭」，在忙碌生活下，港人外出用餐的機會較多。美食達人蕭欣浩指在疫情開始後，天天吃外賣令人感到厭倦，因此越來越多人喜歡在家煮食，習慣後令更多人投入此行列。同時，大家開始添置各式各樣煮食器具，更以自家製作各款美食，一解無法出外旅行的鬱悶。

　　蕭博士表示，無火煮食在許多年前已出現，當年指的主要是以電磁爐取代明火爐，在煮食時看不到火源，但現時已發展至利用電子爐具及廚具，最常見的是微波爐。近年香港較流行以電陶爐、燒烤爐、氣炸鍋及蒸氣焗爐等煮食，疫情下更催生了幾倍，甚至十幾倍的人，加入無火煮食行列。

配套食物大增

　　相較香港，以往於日本更流行無火煮食，故當地的器具及食材配套相當完善。在速食方面，還有許多步驟少且方便的食物，讓人可輕鬆煮食。蕭欣浩表示，疫情下香港亦出現了許多相應配

只需要一點點加工便可完成，便宜之餘，亦安全衛生，令無火煮食更為流行。

套，降低了煮食的門檻，例如出現各式各樣的即食湯包、簡易餸包、冷凍食物等，更有不少專為這些爐具而設的食材。上述的食材在超市便可買到，大家只需要一點點加工便可完成，便宜之餘，亦安全衛生，令無火煮食更為流行。

轉用無火煮食原因

常見的無火煮食用具有微波爐、燒烤爐、電烤爐、氣炸鍋及蒸氣焗爐等，美食達人蕭欣浩表示，大家轉用無火煮食的原因，主要為以下 6 項：

❶ 煮食效果相同：這些爐具讓我們即使在家，也可煮出有同樣效果的食物，就算是需要複雜技巧的食物，只要使用這些爐具，都可輕易做到。

❷ 一爐多用：坊間不少爐具可以替換配件，只要一款爐具，已可達成多種煮食方法，非常方便。

❸ 生活忙碌：大部份爐具操作簡單，只需放入食材按下按鈕便可，過程幾乎沒有技術可言，省卻許多準備工夫和時間。

❹ 步驟少：由於出現不少配套食品，令這些爐具的操作更為簡單，煮食過程更方便，簡化了許多步驟。

❺ **室內溫度低：**無火煮食的爐具大多油煙較少，同時由於沒有明火的出現，煮食時室內溫度也會較低。

❻ **適合各類人：**操作變得簡單的同時，亦為大家提供了不少發揮空間，不管是想要展現廚藝，還是為要求簡單易用，都適合使用。

明火煮食

無火煮食

無火明火大比拼

明火煮食和無火煮食分別有甚麼優缺點？在各方面的表現如何？以下由美食達人蕭欣浩為我們解答：

	明火煮食	無火煮食
火力	火的大小可以肉眼看到，普遍地更容易控制火力大小。	唯一線索是爐具上的電子度數，實際溫度只可依賴爐具反應。不過亦有相應食譜提供，對新手而言更易跟從。
鑊氣	可以拋鑊，只要肉眼見到火，可以觸及的地方，都會有熱力。	不可以拋鑊。
室內溫度	由於熱力分散，室內溫度較高，廚師也會非常熱。	室內溫度較低。
安全性	出現燙傷、火燭等意外機率相對較高。	可以電子儀器計算時間，即使煮食時間稍為過長，也沒有太大影響，較少出現火燭及燙傷的機會。

室內都可以 BBQ　一爐搞掂 4 餐

現時流行的無火煮食熱潮，主要利用插電的無火爐具，簡單方便之餘，亦可節省時間。有一個多功能的爐具更可完成多款特色料理，以下由美食達人蕭欣浩為我們推薦 4 款食譜，款式獨特之餘，只要利用一款爐具，便可完成早午晚三餐加小食，甚至可以在室內進行 BBQ，為沉悶的宅家生活，增添一絲意思。

英式假日 All Day Breakfast

早餐

材料

迷你牛角包	1 個	水耕菜	適量
雞蛋	2 隻	牛油	適量
車厘茄	4 顆	忌廉	適量
蘑菇	5 顆	橄欖油	適量
煙肉	1 片	白胡椒粉	適量
香腸	2 條	鹽	適量
茄汁焗豆	1/4 小罐	水	適量

註：2 至 3 人份量

做法

❶ 洗淨車厘茄、蘑菇及水耕菜，蘑菇切片。

❷ 於煎烤盤中倒入橄欖油及牛油，加入蘑菇片，翻炒至出水變軟，續炒至水份收乾，取出備用。

❸ 雞蛋打入小碗中攪拌均勻，加入忌廉、白胡椒粉及鹽拌勻。

❹ 放入牛油加熱，倒入蛋液，翻炒至呈半凝固狀，熄火後蓋上炆 1 至 2 分鐘，取出備用。

❺ 換成較深的烤盤，加入熱水煮沸後，把香腸煮熟後盛起備用。

❻ 換回煎烤盤，在冷鍋中放入煙肉加熱，出油後加入熟香腸。煙肉煎至焦脆、香腸煎至上色後，取出備用。

❼ 倒出茄汁焗豆，把所有材料放於碟上即成。

小貼士：方便新鮮水耕菜

All Day Breakfast 只需利用一個煎烤盤，幾乎已可完成所有步驟，而香腸、煙肉及雞蛋等，都可以自由發揮，購買喜愛的品牌。美食達人蕭欣浩表示，全日早餐裏的蔬菜可選擇有機水耕菜，或是即食沙律菜，不用再洗再切。如果想要熱食，也可放於烤盤上，加入少許香草及橄欖油稍為翻炒，相當方便快捷且新鮮。

即食沙律菜

岩鹽

炙烤雞肉串燒

午餐

材料

無骨髀扒 ....適量
紅色燈籠椒.......2 個
黃色燈籠椒.......2 個
橄欖油..............適量
即磨岩鹽 ....適量
即磨黑胡椒粉...適量
長竹籤..............適量

雞肉醃料
蜂蜜 ....25 克
芥末醬.......................1 湯匙
煙熏甜椒粉............3/4 茶匙
蒜粉 ....1/2 茶匙
即磨岩鹽 ....1/2 茶匙
即磨黑胡椒粉 ....適量
砂糖 ....適量
油 ....適量
乾辣椒碎 ....適量 (可不加)

＊註：2 至 3 人份量

做法

❶ 雞髀扒去皮，切成方塊狀，加入所有醃料，放入雪櫃最少醃 30 分鐘，建議前
晚開始醃會更入味。

❷ 把竹籤放入自來水泡最少 30 分鐘。

❸ 紅、黃燈籠椒切成大塊，澆上少許橄欖油，撒上即磨岩鹽和黑胡椒粉拌均備用。

❹ 預熱燒烤爐後，把蔬菜和雞件相間，用竹籤串上。

❺ 於燒烤爐上抹油，串燒烤 10 分鐘後翻面，再烤 5 分鐘後盛出備用。

❻ 在表面灑上即磨岩鹽及黑胡椒粉即成。

小貼士：即磨調味更新鮮

　　製作串燒時，調味料的挑選可花更多心思，辣與不辣可自行挑選。美食
達人蕭欣浩指，即磨調味料較為美味，建議可挑選即磨的黑胡椒、岩鹽等，
不只可加入醃料，更可在燒烤期間，加於表面。調味料較為新鮮，可大大增
加料理的風味，此外也更顯廚師的專業，在家也可體驗 BBQ 的樂趣。

221

芫荽芝士小丸子

芫荽

小食

材料
章魚燒粉 ...... 100 克
章魚 .... 5 隻
雞蛋 .... 1 隻
日本椰菜 .... 1/2 個
柴魚粉.............少許
章魚燒醬 ....適量
海苔粉.............適量
木魚花.............適量
芫荽 ....適量
三重芝士碎.......適量
註：2 至 3 人份量

做法
❶ 柴魚粉加入水中，這是增加章魚燒風味的秘訣。雞蛋加入章魚燒粉中，再邊加水邊攪拌，最好靜置 10 分鐘。
❷ 把章魚切粒灼熟，椰菜及芫荽切碎備用。
❸ 熱鍋後掃油，倒入約三分二滿的粉漿，加入章魚和椰菜，再倒入剩下粉漿。
❹ 此時會有些粉漿溢出在格子的縫隙，只要在翻轉小丸子時將粉漿往裏裏就行。
❺ 翻轉小丸子烤至焦黃，加上大量芫荽及芝士。
❻ 芝士融化後，再拌以章魚燒醬、海苔粉及木魚花，與小丸子一起食用。

小貼士：芫荽芝士沾着吃

　　美食達人蕭欣浩笑言如果希望更方便，可利用急凍小丸子加工，如此一來能節省更多步驟。近年芫荽大熱，加上三重芝士碎，必定令人食指大動！芝士種類可隨意選擇，融化後可像芝士火鍋或韓式排骨一樣沾着吃。如果選擇自行調製粉漿，也可把章魚換成牛丸、貢丸等，增添一些變化。

日本 A5 和牛丼

晚餐

黑松露

做法

❶ 先煮好白飯，並提前把牛扒取出。

❷ 於深烤盤中加入沸水，煮滾後關火，加入溫水，輕輕放入室溫雞蛋靜置 13 分鐘成溫泉蛋，取出備用。

❸ 換成燒烤盤預熱至微微冒煙，加入適量油，調至大火，放入牛扒，加入黑胡椒及鹽調味，其中一面煎 2 分鐘上色後翻面。

❹ 放上牛油，把融化的牛油淋至表面，可利用烤板按壓加速熟成。

❺ 取出牛排靜置 3 至 5 分鐘，之後切片，保留多餘肉汁。

❻ 把和牛丼汁拌勻，倒入鍋中，煮至微滾後，加入先前保留的肉汁。

❼ 牛扒沾上黑松露醬，稍為煎香後取出。

❽ 將牛扒及溫泉蛋放於白飯上，以水耕菜作裝飾，淋上牛丼汁即成。

材料

肋眼牛扒	2 片
白米	2 杯
雞蛋	2 隻
水耕菜	適量
牛油	適量
油	適量
鹽	適量
黑胡椒	適量
熱水	適量
溫水	適量
黑松露醬	適量 (可不加)

和牛丼汁

醬油	4 大匙
米酒	4 大匙
味醂	2 大匙
砂糖	2 大匙

*註：2 至 3 人份量

小貼士：黑松露醬更顯高貴

　　美食達人蕭欣浩表示如希望製法更簡單，可使用牛肉片，不過用牛扒則更為高級。整道料理充滿日式風情，即使現時無法外遊也可自製，但比坊間餐廳更便宜。他建議牛扒可煎至半生熟，如希望更為特別，可在牛扒完成後點上黑松露醬，再稍為煎香或是炙燒表面，為整道料理增添獨特的風味。